食尚
Foodsion Hunter
馬非

U0067901

食尚
Foodsion Hunter
馬非

食尚
Foodsion Hunter
馬非

親炙家滋味

初探原鄉之台灣原民香氣食材
跨界歐陸文創饗宴

馬中良（馬非）——編著
孟鼎——烹飪指導

| 致謝 |

這本書從發想到執行要感謝的人真的數不盡，我何其有幸能夠結識大家，共創無數感性時刻，使得《食尚馬非親炙家滋味》能順利發行。

感謝馬非客們 - 小沈、孟鼎、Sherry、Yuki Liu、Penny、阿億、YukiChen、心悅、阿奇、……，從《食尚馬非》專欄開始，在大家的專業和堅持下，才能夠如此上山下海的吃美食，自由自在的「趣」分享，是你們成就了這本書，未來還請各位再包容如此天馬行空的我，讓馬非客繼續無限延伸！

要特別感謝馬非客小沈，長久以來的指引及鼓勵，在此要致上超過十二萬分的最深謝意，沒有您大力的參與和付出，是無法完成這本書的！更讓書中充滿了溫暖人心的香氣。

還有史上最偉岸的馬非客孟鼎，我廚藝的啟蒙老師，對料理的執著與熱情，讓我更深入的認識了人與食材間的關係，發掘更多美味的創意。

特別致謝葉芬菊老師和何玉平老師；葉老師從一開始就不斷激勵我，開啟原民文化探索之路，帶我走訪原鄉認識部落，更引荐何老師，幫我反覆確認台灣原住民相關資料，不但獲益良多，更增添了本書豐富的人文情懷。

感謝我的雙親和家人，永遠作我最堅強的後盾，家是我味覺記憶的源頭，所有美好的感應的連結，都仰賴您們一直以來的支持。

書寫的歷程，一路走來要感恩的人太多太多，提供各式專業諮詢的顧問專家們，惠賜我序文如：瓦歷斯．貝林會長、馮院長、佘院長、吳董事長、鄭教授、陳總經理、鍾醫師，學校的師長們如：永平老師帶我深入部落，爬到腿軟卻令我滿心感激、有德主任、志傑律師、淑玲老師、喜鵬老師、原炳老師及明青老師推薦專家、……；同學們如：麗蟬、盈嬋、國明、嘉勳、……所給予的熱心幫忙，以及不厭其煩費心協助我的朋友們如：花改場助理研究員孫正華；林震東老師、家瑋、俐岑、Joy、宥澄、……，再次深深的謝謝你們!

【推薦序】

樂見創意與原民文化
碰撞出國際視野

台灣原住民特色風味食材與遵循天然的烹調方式，一直是國際美食家所好奇且追尋的領域。但是，深感興趣的人多，落實行動的人卻很少。因此，當我知道馬非推出這樣一本結合了原住民香氣食材以及國際烹飪藝術的作品，真的大感驚喜與驚艷。

我跟馬非老師是在教學領域相識，從初識便感受到他不凡的創意與活力，而且，難能可貴的是，他又是一個非常關心台灣土地，而且注重文化傳承的人。這一點跟我的理念不謀而合，在我經營農場、研究原住民飲食文化以來，十分致力於原民文化的傳承與溯源，我也相信所謂的歷史與文化，並不是只能停留在紙本的紀錄或刻板的文獻資料，唯有深入生活，才能深化成為靈魂的一部分。

因此，我由衷推薦《食尚馬非親炙家滋味：初探原鄉之台灣原民香氣食材跨界歐陸文創饗宴》，在本書多元、豐富的內容，我看見的不僅僅是一個充滿熱情的飲食文化人的分享，更涵蓋了背後令人感念的、真實的「愛台灣」之心。

原住民族委員會 前主任委員、本書原民文化顧問
財團法人台灣原住民部落振興文教基金會 會長

【推薦序】

原鄉食材．創意料理

與馬非先生結緣是在 2016 年初，當時我仍在國立故宮博物院院長任上，一個午餐時間，我們不期而遇於故宮富春居咖啡館，一位活潑開朗的博士學位候選人主動與我打招呼，邀我赴國立暨南國際大學作主題演講；其後我才知道馬非已是暨大觀光休閒與餐旅管理系兼任副教授，也是一位在餐飲文創界十分有名氣且活躍的人物，曾任法藍瓷 (大中國區) 總經理、法藍瓷音樂餐廳總監、85 度 C 美食達人集團行銷企劃總監、蘋果日報食尚馬非美食專欄主筆及警察廣播電台美食節目主持製作人等，他懂得美食、介紹美食、營運美食，如今更結合他所有對美食料理累積的經驗，寫成《食尚馬非 親炙家滋味：初探原鄉 跨界融合文創饗宴》一本圖文並茂的介紹食材創意料理的書，索序於我，因而我也有機會先睹大作片段。

這是《食尚馬非觀光休閒文創系列叢書》的第一輯，特點在「初探原鄉、跨界融合、文創饗宴」三項，以介紹包括：山胡椒（馬告）、紅糯米、刺蔥、小米、蕗蕎、山苦瓜、樹豆、薑、薑黃、台灣藜（紅藜）、龍葵、洛神葵（洛神）、麵包果、麵芋（小芋頭）、桂竹筍、黃秋葵（秋葵）、紅肉李、山蕉、飛魚、紅龍果、咖啡、愛玉、朝天椒及山蘇等二十四種原民食材，拉開序幕，針對每一種食材均詳考歷史文獻，收集當代采風，編撰成「食養百寶箱」，娓娓介紹各項食材的名稱、品種來源、《本草綱目》記載、性味歸經、功效、文獻別錄、禁忌及現代藥理等等。例如在「刺蔥」條中，作者以千餘字介紹這種「辛辣度如蔥但香氣全然不同，與生薑、蕗蕎被譽為部落辛香三劍客，是生食、煮湯、炸食、燉煮、醃製料理時不宜或缺的辛香聖品。」據說早年原民捕獵，馱回部落路程遙遠，就地採摘刺蔥塗抹獵物全身，達到除腥去羶保鮮增香的作用；再者刺蔥也是中藥材，有疏肝解鬱起陽功效，原民稱為「快樂的山野黑珍珠」。馬非結合古今，查考文獻與原鄉採訪，詳細地介紹了二十四種原鄉食材，讓讀者從認識食材，進而傳授作法，到品嚐料理。

本書的第二個特色是跨界合作。馬非不會烹飪，他卻找來創意料理達人 —「豐饒薌舍」臺味法菜的靈魂人物孟鼎。孟鼎原是亞都麗緻飯店巴黎廳經理，從探索葡萄酒到嘗試各種新型態的搭配，體驗味蕾與素材間的美好，終至在大稻埕開創臺味法式料理餐廳，吸引了不少饕客，這次與馬非合作，觸角更伸入原鄉，匯聚部落小農，挑選了二十四種香氣食材，創意出三十道原味歐陸料理，從菜餚名稱看似乎道道精彩，如「東海岸尼斯沙拉：一夜干蕗蕎與馬告的婆娑曼舞」、「東坡法式原香燉菜：樹豆刺蔥老薑豬五花暖胃溫心」、「將進酒蝴蝶樹天使小羊排：刺蔥甜椒蘿蔔鮮醇吮指煨麵」、「紅寶迷藜醺酸甘韻溫涼菜：紅藜鮮蔬火腿丁米沙拉」、「法式金芋桂迎得鳳凰來：小芋頭桂竹筍薑黃Q糯酸鮮全雞燉湯」、「都蘭巴吉魯普羅旺斯燉菜：麵包果燉蔬菜法料台魂」等等，聽菜名會令人好奇，看了圖文並茂的食材介紹、料理作法、紀事與馬非客評介，一道道結合原鄉食材、臺式調味料及匯聚東西料理手法的創意佳餚，真叫人食指大動。

例如「東海岸尼斯沙拉：一夜干蕗蕎與馬告的婆娑曼舞」，選用的食材包括：鯖魚一夜干、 新鮮蕗蕎、馬告、牛番茄、酸豆、蘿蔓生菜、白煮蛋等，細說料理作法後，在主廚提示中說明，以鯖魚代替飛魚，食材容易取得，料理方便；傳統法國尼斯沙拉通常會用口感濃厚的鹹香鯷魚、紅蔥來料理，這道佳餚用蕗蕎取代紅蔥，用醬油代替鯷魚，時令蕗蕎辛香氣味和魚肉的濃厚味道，相互呼應，口感美妙。馬非客推薦曰：一夜干透過不一樣的酸香層層疊疊地在嘴裡化開，酸豆細膩、番茄酸甜、以及白酒醋溫醇，多重酸結合醬油的醍醐味依序釋出，垂涎不止莫過如此。

廿一世紀文創是主流，馬非自稱他的這本書是「用書籍打造美食的文創孵化器」，匯聚友善土地的香氣食材，結合美味養生環保五星級料理方式，運用文化美食創意與跨界料理的混搭，呈現最在地、最國際、最貼近自然，最有創意的美食佳餚，開啟另類食譜書寫範例，以既懷舊又創新的精品打造方式，作為本書傳承分享的內涵，希望讀者喜歡。

國立故宮博物院 前院長
寶吉祥文史研究院 院長

2017 年冬至

【推薦序】

創意，源自於關懷

對不甚熟悉時尚界的教授而言，「馬非」或「食尚馬非」的代號並不特別有感！一年多前，夾雜在博士班「策略管理」課程裡出現的眾多學生，個個都有來頭，因此，馬中良並非特別耀眼的學生。直到，第二學期開學時，馬非在「文創產業經營專題研討」展現出來對於相關領域的熟悉，以及發自於深厚的文史底蘊，信手捻來的成篇議論，引發我的好奇，深究之下才得知馬非過往在文創領域的深耕。馬非偏詼諧的角色為課堂帶來許多歡樂，從其積極參與展開的一些構想中，我得以更深度地與馬非交流，如何打通產業化的環節，以促成台灣看似蓬勃發展的文創產業發展。

當時，共同修課的有一位非常特別的同學：台灣第一位新住民立法委員林麗蟬，這位來自柬埔寨的美少女介紹其母國文化，也亟欲為老文化注入新生命。麗蟬為博士班的枯燥課程編織了一條柬國文化的經線，馬非以其過往多年征伐於媒體與文創品牌的經驗為這門課編織了一條緯線，加上其他十位同學的七嘴八舌，是我上過最豐富的一門文創課。許多發想就此萌芽，包括馬非從跨國文化關懷到台灣原住民族的文化關懷，從傳統服飾到飲食文化，藉由積極的傳承介入，試圖藉由內升型的產業發展綿延與交會多采多姿的文化內涵。

文化創意與產業在台灣一直未出現緊密的連結，固然不乏個別成功案例，但對於台灣經濟的貢獻實在不足以作為支柱型產業。文創產業在被矮化、窄化與醜化聲中，依舊值得被重視與推動的，原因有三：其一，產業需要創意與創新的挹注，此乃間接的產業效益，或多數人所熟知的產業文創化；其二，文創需要以產業思維提升經營效率，此乃直接的產業效益，或多數焦點所關注的文創產業話；最後，從傳承的觀點出發，文化需要結合創意，與時俱進地與不同世代進行對話，不採內升型的方法不足以竟其功，當前台灣倚賴補貼的政策效益，捉襟見肘可見一般。

原住民族的文化傳承並非新鮮議題，過往亦曾見各類型的探討，其中包括品牌與通路的經營。但作為一個商管學者，從產業經濟的觀點依然偏中市場機制的解方，個人關切的重點首重產品與市場。在這個全球化的市場中經略，特色為不可或缺的勝出條件，文化又比創意更具發展獨特性的空間，例如 Hermès 近年來從中國少數民族中大量汲取創意的養分，實在值得台灣業者的參考。台灣原住民族的文史研究不在少數，具備經營大市場經驗的馬非，以其過往征伐的經驗，投入轉譯文化的工作，以新鮮的創意視角與商業語彙，帶給市場一個全新的體驗，值得稱許！

新書即將付梓，特為文推介！這本充滿了品牌經營與創意的書，創意源自於中良對於原住民族的關懷所帶動的實質付出。期盼在這本書的帶動下，更多有志傳承文化的同道藉由創意與商業的轉譯，帶給市場一個接著一個的驚喜！也因為市場的蓬勃，文化得以展開跨世代的交流，不僅使得文化的命脈得以延展，同時也在回首來時路時，從舊智慧中找到新路徑的光！

財團法人中衛發展中心 前董事長

逢甲大學講座教授兼跨領域設計學院 院長

【推薦序】

看見馬非十年磨一劍，打造非凡家滋味

認識馬非一轉眼已近十年，在我印象中，馬非有著天馬行空的創意，因此，當他告訴我他的第一本書不是寫品牌、不是寫文化觀察，而是貌似食譜的「飲食文化品牌傳承書」，我有一點點感到驚訝，卻又覺得非常理所當然，因為，這就是馬非獨特且不設限的創意與表現！

承蒙邀請推薦，以我長年在媒體娛樂與影視文創領域工作，綜觀馬非的新作《食尚馬非親炙家滋味 · 初探原鄉之台灣原民香氣食材跨界歐陸文創饗宴》，第一時間真的會被其中繽紛的元素吸引，因為所有的想法、藝術、美食、文化、食材意涵，都被整合的恰到好處。

另外，我欣賞馬非想藉本書搭建「飲食文創孵化平台」的理念。因為在文化創意的變化與發展下，如何讓台灣本地的文化與世界接軌，並且跳脫刻板印象，一直都是非常值得挑戰與深思的議題。

總之，恭喜馬非推出大作！相信在這本書引路之下，一定能開展出更多的「創新」，對未來的一切精彩，我拭目以待。

威秀影城 董事長

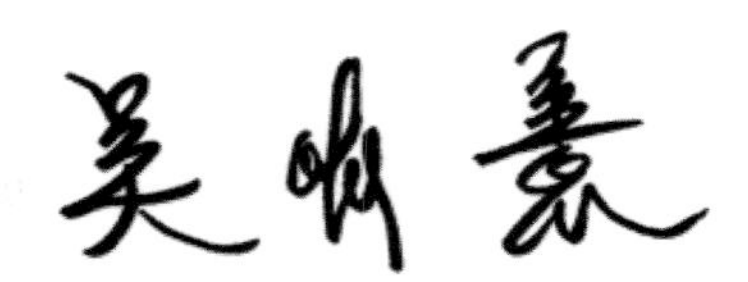

【推薦序】

一本精采絕倫的豐富之作

台灣的原住民是島上第一代的主人，承襲自然的智慧與生命哲學、淵遠流長的文化價值，一直是我們最珍貴的資產，但是，守護文化之餘，也需要足夠的能見度與推廣，讓更多人注意、產生興趣，進而參與傳承與分享。

馬非老師在這一點的不遺餘力，在在展現於本書之中。馬非老師的新作《食尚馬非親炙家滋味 · 初探原鄉之台灣原民香氣食材跨界歐陸文創饗宴》以台灣本地生產且被原住民所偏愛的各種香氣食材，搭配上各式各樣的歐陸料理手法，營造出既有創意、無國界又豐富的烹飪美學。如果不是因為這本書，許多日常可見的食材，我們並不見得明白背後的故事，以及之於原住民的意義。

其中的豐富與精采，難以三言兩語盡述，還盼讀者親自翻閱、典藏，最好也能嘗試烹調看看，不僅豐盛餐桌，也讓文創與文化分享，真正走進你我的生活中。同時，我也相信馬非老師的創意不僅落實在一本書中，或許不久的將來一定也可以轉化成商品、旅遊服務等多元發展，令人萬分期待。

台灣鄉村旅遊協會 榮譽理事長
國立暨南國際大學觀光休閒與餐旅管理學系 教授

【推薦序】

令人驚豔的原民文化創意翻轉

有創意的朋友常常是隔些時日見面時，就是一連串跳脱領域的驚嘆號，讓人驚訝連連。馬非就是！記得初識在他攻讀博士班的課程，我安排在雲品頂樓雲月舫面對日月潭進行創新設計思考的練習，他靈活的想法與跨產業的創意，給了我許多靈感更留下深刻印象。後來學校安排我們一起跨界進行國際禮儀教學，馬非用心地找我討論課綱並認真旁聽給予建議，他追求完美近乎苛求的特質更加顯現，對他更加佩服。現在，馬非的創意又跳躍了！知道味蕾的記憶往往是最豐富且無國界，也是認識一個城市、一種文化最好的切入點，他就成為一個最佳的傳遞載體，透過文字讓原住民文化與國際接軌！這樣的創意結合，馬非做到了！

在馬非老師這本《食尚馬非親炙家滋味 ‧ 初探原鄉之台灣原民香氣食材跨界歐陸文創饗宴》，看到了對原住民所使用的香氣食材不僅深入介紹，搭配的無國界歐陸料理手法，更是令人驚艷，每一道佳餚閱讀起來都讓人充滿了視覺與知識的收穫，恨不得立刻抓起刀叉大快朵頤！這讓我聯想雲朗觀光總經理月會同時舉行的廚藝 PK 賽，各館餐飲部門無不絞盡腦汁在每月不同主題下，結合傳統美味與在地食材，企圖讓每一口的滋味都可以感受到城市的歷史與當地的風情。馬非這本書更是透過創意與故事的連結，讓台灣最原始的食材、滋味與文化有更多層次的變化，讓人可以有更多的刺激、衝擊與發想。

我也期待日後馬非能夠透過活動，或與餐廳跨界整合，讓這些美味的料理更真實、完整的呈現在讀者之前，讓這一本好書不是只能閱讀、只能放在書架上，而是真正走上餐桌、走入你我的生活。

很開心這本不藏私的好書，確實展現了馬非出色的特質，期待這本書能創造出不凡的成績，並持續碰撞出更精采的發展！我相信一定可以！因為他是食尚馬非！

雲品溫泉酒店 總經理

【推薦序】

用心求實質感滿分

馬非老師請我幫忙提供原住民食材中有關中醫藥的資料時，原本只是基於助人為善的想法，但在查找資料的過程中，自己也學習到許多新知識。除了跟中醫相關的性味歸經、相關療效、典籍文字以外，還得知許多關於食材小故事。像是台灣通史紀載的沁涼甜品－「愛玉」，名字的由來，原來是一位賣這種甜品的女孩的名字；而蘭嶼海域常見的飛魚，會飛躍出水面，原來是為了躲避天敵的捕食；古代川菜中常使用的香料－食茱萸，又名「鳥不踏」，原來因為它的枝幹佈滿銳利的尖刺，連鳥兒也不敢在上面棲息。得知這些有趣的新知也算是意外收穫。

首次與馬非老師見面時，他滿腹熱情的敍述這本書的內容，滔滔不絕的説著他深入原住民部落時，接受當地美食野味招待的過程；以及為了更瞭解各種食材的生長，他走入田地，親自探訪種植苦瓜、薑黃、紅藜等農作物的農民。看著馬非對著作這本書投注這麼多的心血和堅持，我也感到非常榮幸能參與這本書的製作。書中除了文字內容豐富外，照片也非常精美，尤其佳餚的拍攝規格更是媲美流行雜誌上婀娜多姿的美麗模特兒，質感滿分。

近年來流行的「食農教育」，這本書正好躬逢其盛。書中記錄食材從無到有的生產過程，可以讓讀者更具體的認識農作物的栽種，進而更能珍惜我們平日食用的食材。值得一提的是，書中的料理食材都產自台灣本地，其中很多是原住民長期以來慣用的食材，馬非老師利用這些食材教大家做出簡單方便又美味的料理，希望大家可以藉由此書，開始「慢食」活動，慢慢閱讀，慢慢烹煮，慢慢品嚐，讓生活添增感動，品味生活。

中／西醫師、本書顧問

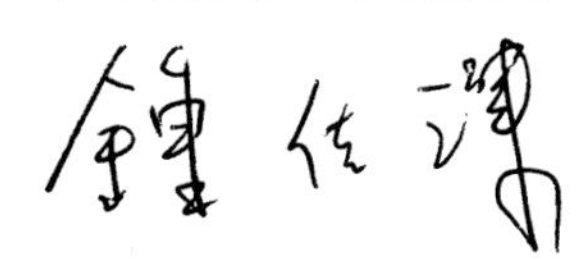

CONTENTS | 目錄

台灣 24 原民香氣食材

萌動
春節慶 希望滋長聚和樂

綻放
夏節慶 媽媽的溫馨味道

樂成
秋節慶 月暖親慈慶團圓

富藏
冬節慶 那盤預留的大排

| 自序 |

我喜歡用吃來寫日記，與馬非客們一同上山下海挖掘美食。因緣際會，接觸了原民文化，深受其敬天畏神、友善大地的樸實樂觀所感動。部落香氣十足的食材、簡單的料理方式，喚起了我內心的期許；原民料理能登大堂更能躍國際！用最在地的原民食材，跨界融合歐陸料理才是最食尚的潮流，也是本書的源起。

「天然健康，友善大地」是台灣原住民令人深刻的印象，天地共好的精神與世界潮流不謀而合，為了要延續這份美好，特別請教諮詢原民朋友，初探原鄉選出 24 種食材介紹給讀者，從食材的味道、特性、文化意義與節慶關連……分享探討，愛台灣更了解這土地由來已久的珍寶，也換個角度看待我們居住的土地。也發現在古代典籍中，就有使用原民食材的軌跡可循，「食養百寶箱」讓醫生的專業引領古今相通，融合智慧運用於日常。

新年圍爐、聖誕節、萬聖節的不給糖就搗蛋……，現在的節慶充滿東西方的快樂氛圍，為家人朋友親自烹調美食是一種愉悅幸福；但對吃遍五湖珍饈的我來說，要煮一桌好菜是個挑戰，為了理想首度拜師，找到醉心原鄉文化與食材的熱血文青大廚，用寫詩般的情懷教導馬非客們，把原民香氣食材融入 28++ 歐陸文創饗宴，與國際節慶同調，在家就能呈現五星級酒店 FU 的料理，每一口都充滿美味故事，給予家聚派對更多的歡樂。

馬非請主廚打開廚房那扇門，享盡特權看透秘辛，歡迎跟著馬非客們同步體驗探索；史無前例「料理紀事」猶如買了後台門票，得以親臨現場欣賞主廚教大家「親炙家滋味」。如畫的食材示意、主廚悉心的叮嚀、闡述料理的哲思，哪邊油鹽該下，何時火該收，鍋蓋的開闔，一窺大廚做菜的堂奧，深入認識原民食藝的變化萬千，讓我們一起輕鬆煮快樂嚐，尋香而行玩進四海八方！

來自各方的菁英馬非客們，都是食尚的追捕手有著品味與執著，從料理新手到專業主廚、新鮮人到總裁……包羅萬象；十個馬非客吃同一道菜，可能嚐出十一種風味；味道來自於自身經驗及記憶，大家歡聚一堂品評美食，讓各自的想法相互碰撞，匯集絕無僅有的賞味品鑑記趣；「馬非客獵食尚」邀您一起品味。

傳承永續；原民朋友盡其所能分享原鄉的真善美，讓我深受感動；有人開了一個半小時的車，只為分享一餐美味，更有師長親自引領用雙腳體驗部落的樸質，此間種種，除了腿在爬山時打顫，心也被深深觸動了！盼望積累的經驗，推廣原民美味進入大家的生活，賦予更寬廣的視界，共同打造成世界級的美食。

【緣起不滅】

食娛食育始於足下
賞味旅人樂享生活

馬非是一個喜歡分享快樂生活的文創人，最大的嗜好「愛吃」，也唯有這二字才足以表達對美食與日俱增的喜好。很早就開闢「食尚馬非」專欄，與馬非客饗食和讀者一起互動，蒐集味道觸動相應的故事，經過天馬行空的激盪整合，傳遞歡樂。馬非喜歡旅行，在旅行中體驗風情與美食，從香氣導航出發，以環保自然結合美食，將旅途中的快樂體驗融入生活，分享愉悅與感動。

青海 - 高原上的餐桌天籟自然味

高海拔西寧的「青鹽炙薄犛牛排」，狀似特厚牛肉乾，僅用青海「天空之鏡」的「青鹽」沒有其他調料，看來乾但咬下後濕嫩又Q彈，難以言喻的鮮香越吃越想吃。東道主說搭配犛牛奶酪更佳，嘗了口，超天然但僅有酸味，也不如肉排好吃，大啖炙鮮肉，很快就盤底朝天，餐畢東道美女硬塞了奶酪，說帶回酒店晚上用，總覺笑容有點曖昧以為…，不料很快胃就抗議了，如「腹」重物撐脹感很難過，才想起那抹笑和勸用的奶酪，原只覺酸的味道霎時變為香醇不腥羶，後來成功甩開腹脹感！此經驗讓馬非對在地的吃食智慧暗自佩服不已。

幾天後，果園裡的餐桌－高海拔版正式展開，在第一夜震撼教育後，乖乖聽話依建議享用美食，因此在青海全無高原反應；隨行的有些同伴可苦了，缺氧的不適，在一望無際的野外大草原上，完全是兩樣心情！豪華大餐在更高的海拔四千公尺處舉行，充滿期待小跑向前，在陽光灑落的樹林間，已飄出充滿孜然香的串羊肉，拉開了全羊宴的序幕，行程中感到特別的是青海的羊不怎麼羶，並且和味道強烈的孜然非常搭；這讓我想起了內蒙大草原上的味道，不過那是另一個故事喔！桌上黃金瓶盛裝的青稞酒，襯在綠葉中格外漂亮，羊腿啃到一半，突然出現藏族姑娘天籟般的歌聲，和著輕撫的微風，羊肉鮮香和青稞酒麥香交織著，最靠近天空的大自然餐桌，令人陶醉不已。藏族姑娘邀請賓客跳舞同歡，舞步示範時，同伴的高原反應不藥而癒，自在享受美食與美樂，揪著的心終於放下；與尋味旅人結伴同行，總能跟隨美食跑遍江湖不亦樂乎！

原鄉 - 鮮活傳承家常智慧

走一趟寶島部落，依水源而行風景優美，帶隊小哥費心解說，很多天然又營養的原鄉野菜，就在沿路山澗間垂手可得，同時機會教育還有些形似卻大不同的植物，現場來個芋頭與姑婆芋的野外原鄉生活教學，因常有誤食的新聞傳出，媒體上聽了不少感覺不陌生，沒想到二選一還是弄錯，若真在野外迷路想拿來果腹，大家開玩笑說應該已經中毒囉！小哥的實際演示讓我豁然開朗，印象深刻，以後真的不會弄錯啦！當晚的芋頭吃起來真的是特別香呢！突然浮現高原上的犛牛奶酪，心想品嘗美食更是品味在地文化！

品味食尚跨界珍饈

旅行三國養生赤壁宴；碧潭首映典禮水上浮動舞台，驚為天人的小喬美人茶

當電影巨作－赤壁上映，食尚馬非專欄曾特地擴大一倍版面連載兩週，因為馬非熱愛電影，更喜歡和電影巨片結合。大導演大卡司齊聚碧潭的水上浮動舞台，是火燒連環船的概念延伸，難的是要保證吃了美食在水上還不暈，因此電影公司找來專業團隊搭建舞台，成功過關！當時有人質疑西點飲料怎麼與赤壁有關聯呢？小喬可以變身為漂亮 CC 的水果茶，天下第一大美女茶道專

家，喝下富含維生素的水果茶，想不美都難！刁蠻的孫尚香，則化為古溜古溜又纖維多的愛玉鮮果茶，諸葛亮是內涵豐富軟中有硬的營養榛果蛋糕……，從營養到赤壁，捲起的討論何止千堆雪，運用創意養生智慧古今穿越，心隨意轉，神遊赤壁。

歌劇魅影；國家歌劇院首映，米其林主廚魅影炫惑

歌劇和電影的雙重獵食尚饗宴「歌劇魅影」好萊塢巨片上檔前，合作策畫米其林客座主廚和宜蘭櫻桃鴨的法式榨鴨派對，每隻鴨只取兩片鴨胸肉來料理，對於鴨肉的品質非常要求，吸引了奧斯卡典禮用香檳共襄盛舉！當時彷若魅影親臨，在預告片首播後，燈亮之際工作人員華麗變身，戴上化妝舞會的面具，邀請與會來賓享用跨界料理，榨壓的醬汁調理後，與鮮嫩醇厚的櫻桃鴨胸完美交融，台灣食材國際饗宴魅惑唇齒，驚嘆聲中，突然「啵！」的一聲，未在流程安排中，主廚隨即一個箭步擋在純銀榨鴨器前（全球限量法國空運來台），而我一個閃身守護兩片鴨胸肉（全場限量一天 4 份），原來是賓客誤觸晃動後的香檳，幸未波及他人。自告奮勇在此時舉杯說：台法聯姻早就該開香檳慶祝啦！美麗的意外延伸了魅影帶給人時而驚奇的趣味，虛驚一場護駕成功，猛回頭鴨胸已不在，突發事件無法阻擋饕客對法式宜蘭櫻桃榨鴨的追求，在魅影渾厚的歌聲中，心想：該先藏一塊的……。

十面埋伏；盛唐色魚子醬，故宮首映仙人指路牡丹坊

台北故宮廣場上與電影合作隆重的首映典禮，重演牡丹坊仙人指路的劇情，用敦煌飛天風格的浮雕瓷盤，裝了像抹魚子醬的宴會小點，朋友從媒體關注到，並諮詢可否在通路上辦個同樣主題的派對；電影風格是導演口中的盛唐色，依此挑選公司精品來搭配，後續仍有宣傳要巡迴，有票房保證當然歡迎同樂！但慶典上其實不是魚子醬，朋友誤會了！後來主廚更選用在地黑芝麻搭堅果椒鹽，拌入魚骨高湯中，貌似味更豐來重現一遍，宣傳派對友人品嘗後，瞪大眼睛望著我，猜測是要指出非魚子醬，正要解釋之際，沒想到一陣讚嘆：什麼這麼美味？讓他想到台南的黑芝麻和魚丸，曾是放學後的小確幸，一臉滿足感。

原來減碳足跡的家鄉食材，還能讓心穿越時空去旅行，旅程的樂趣不用昂貴的舶來品也能讓人感動，看他滿懷幸福，就是在那個時刻，也讓我深感分享美食所帶來的喜悅，盛唐色的魚子醬讓我暗下決心，希望能努力邀集更多同好馬非客，一起玩味珍饈、追捕食尚、共品天涯。

石頭記的甜暖聖誕節；恰似寶黛釵警幻之外又一夢

紅樓夢中的美食是公認的精緻文化體現，饕客豈容錯過，曾在聖誕節小試了書中的滋味，這麼意涵豐富古典巨作，又跟歡慶年節搭配，其實已無需多說，這是結

合文化創意的優勢，一切盡在不言中；所選取的是較為暖心的小段落中，所出現的「酒香冰糖酥酪」、「玫瑰露」，搭配安格斯肋眼牛排或地中海風味海鮮，中西合璧古今交錯，一時之間頗引人好奇，詢問度頗高；只是似乎對照書中段子，也發生有趣的小插曲，只是男女易位；一對情侶男方張口滿是酒氣，大聲質疑:酒香冰糖酥酪裡怎麼沒有酒？不待我探詢，女方秒回:被你喝了!輕撫他的背然後向大家眨眼致意，男友：原來如此……，令我有點啞然，但想想誰不希望在節日裏，品嘗的是歡樂的味道呢!所以跟著一笑而過。

四季音符香氣話無限；遠離國境點點滴滴思鄉味

與柴可夫斯基音樂學院的鋼琴博士，從獨奏會合作到詩「瓷」唱和，她首度從巍峨的國家音樂廳走下，感性溫暖的和大家分享異國生活，透過柴可夫斯基的四季鋼琴曲及小詩篇；文創美學生活從「食」開始，來場香氣結合記憶的饗宴，在鋼琴和吟詩聲中，品嘗她懷念的俄羅斯風味小點，還訴說著每逢思鄉情切時，蒐集俄羅斯青花瓷和娃娃的感人心路歷程，母親和朋友激動地跟我說，這是第一次最身歷其境的感受到，她遠離故土異國生活的心潮起伏，其實隨著香氣去旅行，人心和世界，不遠！

最在地最國際非常食尚
原鄉香氣文化尋根開始

法國曾有新烹調運動，開始講求吃得健康、奶油減量、選用新鮮食材、加入擺盤，追求料理的藝術美學與清新自然，讓法式料理以嶄新的風貌出現在世人眼前，如今一提到西方美食，大家都會聯想到法式料理！法式美食風潮似乎讓義大利美食相形黯淡，但是藉由米蘭世博結合世界潮流，以美味的環保…為主軸，多方面的演繹讓大家重新認識美食的定義再度擦亮義大利美食，跨界融合各國的美食文化，不再讓法國料理專美於前。

順應全球糧食分配不均、自然環境變化、食品安全問題……，吃食教育的議題日益突出，甚至從小做起:減少碳足跡、吃當地的食物、充分運用食材的每一部分、親手體驗食材出產的過程、了解食物的里程、從產地到餐桌……，強調食物的重要，知

道盤中飧從何而來，才能更加珍視、減少浪費；從部落小旅行走入原鄉，用自己的雙腳去感受，以實際體驗的方式加深參與者對於文化傳承的共鳴，這一種既新鮮又時髦的食育方式可稱之為「旅行食育」，從目前被熱烈討論的地產地消、稻田裡的餐桌；以及風行於國外的葡萄酒旅行、一日回歸莊園的饗宴，東西方皆然，引領了一波回歸田園的風潮，跟著食物去旅行。

食物所帶有的獨特香氣，可能承攬了無數難忘的故事，也代表了各個族群不同的文化、生活習慣，我稱之為「香氣食材」。不同的味道在口中相互作用產生新滋味，在偶然的碰撞下再度牽引出千絲萬縷的味覺。

原民美食的發展，承接了敬天畏神、崇敬自然的精神，在地絕不狹隘，傳統又不守舊，正與全球美食發展趨勢不謀而合，原民青年已採用台灣食材在國際美食比賽大放異彩，順應這股國際趨勢讓香氣食材跨界飄香，正是最好的時機! 尋味過程發覺原民的美好，其與天地共生的日常習慣，值得重拾將要消失的優良原生物種，再度發揚光大。

我與馬非客們異想天開，走入原鄉結合食材與歐陸料理，運用東西節慶家聚意涵來構思，重視氣味所牽縈的心靈感受，追隨往昔節日記憶中的那抹香韻，與家常情感連結，放心和味道一起去旅行，就是「旅行食娛」，期待能與家人和朋友一起人在家中坐，樂自心中來。

【有關主廚】

味道的信奉者
以喫食的趣味記憶台灣

人文的崇敬和尊重
傳承料理文化語韻

我喜歡作料理，那是靈魂深處讓我悸動、愉悅、有點焦慮又深度樂趣的場域。外場《講菜》詮釋的互動，客人吃得歡喜，聽得舒爽快意，也讓我覺察深度的交流對菜系的創作有關鍵性的作用；認識某些口味敏銳或獨特的客人，往往觸發我對食材和菜色旺盛的創作慾，而料理的底蘊，不僅是填飽肚子而已，往往一口含藏記憶的吃食瞬間蹦出來，所有美好、溫暖的回憶滿滿地感動。那一刻，不僅是廚師與食客的交流，更像是文化脈絡的傳承。

對土地的尊重，一個做菜的人，有機會遍嘗食材的特性是必要的，莫要堅持進口的才好，食材是鮮活的，善用、巧用才有料理的趣味。源於對人文的崇敬和尊重，使我學習原民的食材與風味，重新改良和調整。有時候越隱約的傳承，才是讓人記憶深刻的老味道。我希望用作菜和料理來感動食客，用輕柔長遠而深刻的口感，讓原鄉遊子喚起記憶，讓廣大群眾接受原民食材的美味，間接地慢慢了解這塊土地的豐饒物產。

順應時令友善食材真滋味
食材源頭的理解與再創新

做菜的人學習著節令氣候，學著與天地一同呼吸，跑市場、跑野地不僅是為了採買食材，還帶有一份對土地滋養的認同與情感，深刻理解食材特性，做菜變成一種幾近詩意的享受。

料理是文化的櫥窗之一，當人口成長或經濟繁盛，飲食的交流越見頻繁和多元，屬於自己民族的底味，或者更貼切的講 -- 媽媽的味道，永遠深藏記憶中。夏天，看到鳳林附近滿山遍野燈籠果，一把採來窗台插瓶，廚房帶著浪漫優雅，入菜曼妙爽口，吃得到土地豐饒的滋味；巴吉魯 (麵包果) 盛產時果肉軟糯香甜，原民愛好燉煮，我用法式手法修飾融合，又能翻出另一番滋味來，順應時令的菜色，營養豐富而且帶有惜物和永續的概念，那是一種真摯的土地愛戀。跑野地除了勘查，也有個人的鄉野情懷，順應時令略加調整的料理，是饒富興味的新吃食文化。

先民喫食智慧的記憶
帶有懷舊與新創精隨

先民的文化智慧，在吃食裡，隱含文化的韻味；醃製品裡有文化的菜韻，這個韻……隨著年歲滋長越加深厚，不一定進口的就是好，醃橄欖有數種口味，我們的破布子也是同樣的概念傳遞著家的風韻。農業的再製品，是文化的根髓，先民文化智慧的記憶；梅乾，帶點詩意的鄉愁，走遍四大洲，難忘那種酸甘鹹的微妙。破布子和醃橄欖，醃製的味道不同，道理卻是全世界共通的，料理人的魂魄，藏著文化語韻。全世界的無國界料理一直在演變、融合，系統化訓練之後，食材再排列組合，融合在地的物產，會跳出一個味道，姑且稱之為台灣韻味，不管菜系原本根源的文化如何，如何變化，基本的韻味不會被取代，而是融合與進化。

喫食的記憶，不管用甚麼菜譜或食材，連結的關鍵點像一把隱型的鑰匙，幫你找出吃食的記憶。鳳梨苦瓜雞，用標準法式湯品烹調手法，新鮮鳳梨在煮的過程酵素釋放，湯有清新的澄澈，在地雲林漬苦瓜加下去，吃起來著傳統鳳梨苦瓜雞的滋味，卻有不同的容貌；那咀嚼的口感，以雞肉慕斯加進去，吃起來高雅，又不失台菜的本色，偷偷藏著法菜的深度。

有時候，我也不知如何形容對料裡的狂熱，只能說，我是一個味道的信奉者，隨時調整味道，想辦法找出味道的魂魄，藏在菜色中，讓吃的人有點感動。之所以選擇這樣的做法，有兩個意涵，其一是，法式廚房整潔、紀律嚴謹，年輕人比較願意學習老味道，老味有系統的傳承下來了。其二是記憶的連結，尤其帶著長輩吃西餐，帶有點懷舊的感覺最能觸動人心。比如說，以松露入菜香氣足、韻獨特，長輩吃著，原來這是松露的味道，耶……，怎麼又藏著老菜舖的香韻，不搶味不衝突又有情感的連結，是我喜歡呈現的手法；在跨界領域，反覆的融合再結合，會出現新的感動。舊食譜改良是為了找記憶的味道，然後傳承下去老菜系的風骨，先找喫食文化智慧源流，再傳承與融合的過程，是我詮釋所謂《真滋味》的精隨。

點韻隱顯的浪漫懷想
料理脈絡講韻足味厚

點韻帶有一點浪漫的懷想，食材的味道千百種，像辛香類的隱與顯，有時角色互換就大異其趣；例如滋味獨特的刺蔥穿透食材而出，淡淡的韻像鄉愁，一吃回味，一吃情感湧現，但是又低調不張揚，這就是隱味點韻。有時，又要讓韻有香氣有個性，用生薑和蕗蕎來帶某些燉菜，用量少，韻味足，調性鮮明，重點是不能搶味。油脂包覆食材後，有平衡有巧妙，跳出也是點韻的一種；我曾說台灣的馬告會跳舞，這次開發的馬告牛排，不經意地跳出馬告的顆粒感與辛香，帶來咀嚼的樂趣；再舉一例，某些燉菜中滑順稠厚的湯湯水水吃下去，突然咬到脆瓜的脆與韻，帶來趣味與驚喜。燉菜的滋味讓每個韻保持清楚，也是我喜好的點韻手法；常常朋友品嘗我的菜，一口吃下感覺好吃但說不上來甚麼滋味，慢慢咀嚼吞嚥，紅米的味道出現了，胡蘿蔔香氣甜爛出現了，芥蘭的脆度有了……在咬的過程，每一個食材的味道都分辨得出，整體又有一種香韻，品嘗時是一層一層挑出來的，韻足味厚，互不搶味，好像食物的奇妙旅程。

甜與鹹的層次奧妙
尾韻綿長的風味菜

做菜除了利用江浙菜酸甜味、老台菜酸鹹甜的味道之外，很少用到糖；歐陸菜都是融合的韻，像燉菜放涼後，湯汁的韻還是夠的，沾麵包吃，風味有時更勝溫熱時。不論肉類或食蔬食材的本色味足，層次夠，鹽和糖都藏在煮好已完整呈現的料理中了。我的鹽也下得很輕，蔬菜微焦上色後，會帶出鹹味的感受，味覺被焦味稍微欺騙了，鹽味自然下得少了。磨得太細的鹽度瞬間釋放，下鹽花(鹽之花，鹽滷上的一層，)的話，因為鹽之花有鹽粒結晶，由上散撒遇熱緩慢釋放，與食材滋味融合，韻是足夠的，鹽味緩慢釋放，有助於食材的融合。這次食譜裡面，洛神花羊肉湯看起來很簡單，做起來卻不容易，微

妙而豐富層次，不加糖，卻有酸香甘酯味，就是創作料理時想呈現的風味之一。

每一個味道細分不同層次，做菜的人口舌和嗅覺很敏感；例如甜味，有葉菜類的甜、果實的甜、根莖類的甜，這三種甜要如何平衡?!又如漿果的甜、水果的甜要怎麼處理？最微妙的是肉類的甜，或奶油的脂醇甜潤，尾韻收口甘脂滑口帶有一點膠質，這些甜味都要細細體會品嘗。料理過程每一種食材的甜慢慢融合，在口腔中釋放，嘗起來很愉悅，大腦的記憶是很精密的，耶，菜沒放糖，怎麼這麼甜？其實不是甜，而是甘味，一旦嚐過，味覺經驗銘刻而幽微，某一天就會被喚醒。做素菜對甘味掌握也要很精到，蔬菜有很多細膩的高雅的香氣，全素的菜要做出有酯味的厚度，又清爽香甜才算好吃。重口味的菜容易膩口，尾韻綿長的菜，回味無窮，鹹與甜的微妙之處，融合食材的風味，層次深厚，滋味雋永。

點韻配韻大哉問
食材裡詩意鄉愁

我做菜的學習五湖四海，現階段履踐法式台魂的哲思，用原民食材詮釋，是這次嶄新的嘗試，不管用甚麼菜譜，點韻、配韻的奧妙還在學，還沒有滿意過……。我對這次菜色食譜創意，覺得肉品呈現中規中矩，對蔬食、燉菜的手法，我是喜歡的。改良食譜找出記憶味道傳承，歸零是重要的學習與心態，我願意做一個煮菜的人，幫大家找出食材與傳承菜譜之間紐帶的連結，對於一個信奉真味道就是人生幸福的掌杓者，食物裡藏著詩意的鄉愁。

我喜歡做菜，更勝於文藻的綴飾。我愛惜著守護著我們的土地，才燃燒這靈魂，用著法餐的元素與服務的精神來娓娓道出這裡的故事。

台灣 24 原民香氣食材

馬告、紅糯米、刺蔥、小米、蕗蕎、山苦瓜
樹豆、薑、薑黃、台灣藜、龍葵、洛神葵
麵包果、麵芋 (小芋頭)、桂竹筍、黃秋葵
紅肉李、山蕉、飛魚、紅龍果花、咖啡、愛玉、朝天椒、山蘇

充滿生機原民最溫暖的回憶

馬告躍升國際香料

馬告又稱山胡椒，初看名稱想像味道應類似黑胡椒一樣，品嚐後咬碎小黑籽，驚艷它帶有樟樹精油的熟悉味道，還有薑、檸檬及香茅的高雅香氣，完全顛覆原有的想像。屬於高山香料的馬告，為台灣原生種，是原民經常使用的辛香料，在得到海外米其林主廚青睞後，揚名國際。

山胡椒分布在闊葉樹林山區，從台灣北部棲蘭、烏來山區到花東都看得見它的身影。在泰雅族語稱為 Makauy，有充滿生機、生生不息之意，直接音譯為「馬告」。每到夏天摘採馬告的季節，部落都會號召族人一起幫忙，共同採收這個傳承自祖先的植物，也象徵家族和樂融融，延伸原民生活的文化意涵。

每年初春時分開花，嫩黃鑲白色的花形為大地抹上淡淡鵝黃色彩，獨特飄送著檸檬香的氣味吸引鳳蝶前來取食和產卵。清雅的鵝黃花朵可以泡茶、新鮮嫩葉可以入菜，而常見到綠綠、黑黑的果實，除了鳥類和飛鼠會食用之外，更是原民餐桌上的佳餚調味珍品。

多數原民用馬告取代鹽巴調味；泰雅族與鄒族利用馬告為肉類去腥增香，泰雅族常將果實醃漬食用。賽夏族、泰雅族人會把馬告搗碎泡水以解宿醉。太魯閣族則取馬告根部熬湯飲用，或貼在額頭舒緩頭疼，阿美族還會把馬告包進檳榔裡一起食用呢！

新鮮馬告果實可以直接食用，洗淨曬乾後拌入食鹽或泡酒能長期保存。最為人熟悉的馬告雞湯，只要5粒加入雞湯就能提振食慾，勾起味蕾上跳動的火花。將馬告磨碎加入豬肉一起作成馬告香腸，火烤之後香氣撲鼻、……種種運用，總能讓平凡無奇的食材激盪出令人驚艷的味覺體驗。

不論是新鮮的或是曬乾、醃漬過的馬告，用來醃肉、搭配魚蝦蒸煮都是一絕。加入飲品也大受歡迎；「馬告蜜茶」，在沖泡好的蜂蜜水中加進馬告汁，甜中帶出一味辛香的餘韻極為特別。而「馬告咖啡」，在黑咖啡裡加適量的馬告汁，或是花式咖啡撒上曬乾馬告粉，立刻可以變化出獨特風味。近年研究指出，樟科馬告揮發性成分具安眠、鎮痛、抗憂鬱……等調節動物中樞神經的活性，成為新興的保健作物。

食養百寶箱

馬告；山蒼樹

別名 ：豆豉薑、木薑子、山胡椒、山雞椒

【品種來源】

是樟科木薑子屬的一種植物。Litsea cubeba，台灣原生種，樹高約 2 ～ 3 公尺且雌性與雄性為不同植株，分布於闊葉樹林內山區，可以在海拔 300 公尺左右的烏來山區，也可以在 2000 公尺左右的梅峰見到其蹤跡。葉、根、種子、果皆可食。

【性味歸經】

辛，溫。歸肺胃經。

【功效】

行氣止痛；祛風溼，消腫止痛，主脘腹冷痛，暖脾胃，溫中散寒，平喘。胸滿痞悶；哮喘。

【文獻別錄】

《唐本草》主心腹痛，中冷。破滯。

【注意禁忌】

本品燥熱，胃弱，燥熱體質者宜少吃。

【現代藥理】

揮發性成分（蒸餾後精油）具安眠、鎮痛、抗憂鬱等調節動物中樞神經的活性，葉之煎劑有抑菌作用。根和種子有治風濕、頭痛、胃痛、消腫止痛之效。果可作為調味料。

【藥理作用】

山胡椒揮發油對常見的 14 種革蘭陽性和陰性細菌均有不同程度的抗菌作用，其中對卡他奈球菌、乙型鏈球菌、肺炎鏈球菌等的抗菌作用最強（抗菌效價在 1：1000 以上）。此外，該揮發油對新型隱球菌和白色念珠菌兩種真菌也表現明顯的抑菌作用。

阿美文化最珍貴重要象徵
喜氣滋補紅糯米

紅糯米外觀是橘紅色的米，獨特紅色來自米糠部分，是傳統阿美族人用來祭天祭祖的珍貴食物，豐年佳節必備盛宴，原稱「紅粟米」。原民通常加入白糯米一起煮食，烹煮時散發濃濃香氣，整個部落都聞得到。煮熟後入口香 Q，嚼後甘甜，呈現的粉紅色澤非常漂亮。平時難得享用，重要慶典祭神、婚喪喜慶、親友貴客來訪時才食用，因此得到喜氣食物的封號。

相傳原民祖先移居台灣時，面對茫茫大海，只有隨身的一袋紅糯米穀。紅糯米是祖先傳統食材，也是離鄉背井的遊子思念的味道。後來移居花蓮光復後，開始種植繁衍紅糯米，早期種子稀有，擁有紅糯米是一種身分表徵，現在是阿美文化最珍貴的象徵作物。因為稀有以前日本天皇指定作為貢品，現在則是太巴塱部落仰賴振興的契機，每年定期舉辦的「紅糯米文化祭」重要的 Illisin 祭典，歡慶時更期望吸引更多部落青年返鄉。

老天給阿美族的珍寶紅糯米；族人口耳相傳，祖先 Doci 和 Lalakan 幼時因為受洪水沖漂、逃到山頂，長大後結為夫妻卻生下一條蛇，讓夫妻倆傷心不已。天神聽到後送來一個裝著紅糯米種子、芒草和箭竹的竹筒，提供食物、建蓋房屋和器具的材料。夫妻吃下紅糯米後生下正常健康的孩子，延續了阿美族的血脈。後來則成了婦女坐月子的滋養食物及現代養生的補品。

紅糯米是台灣本土原生作物，具植株高易倒伏的特性，稻殼上有長長的穎芒，播種培育工序繁複不易，只能仰賴人工，產量只有稻米的 1/2-1/3，一年一穫越顯珍貴。近年，花蓮農業改良場蒐集紅糯米種原，經過選種純化得到最接近原生的品種，穀粒大色澤紅潤，也能全年耕種，產量正逐年增加。

紅糯米的口感比糙米稍軟、糯性高，和白米相混直接蒸透，煮熟後色香味俱佳散發濃濃香氣。原民也用它製成紅糯米酒、紅糯米痲糬、糯米糕、糯米飯糰及糯米湯圓，還有很多米食料理上的變化。

一身是寶的紅糯米，和糙米一樣保留外層的米糠和胚芽，蛋白質較糙米及膳食纖維含量高，富含花青素是天然的抗氧化物，並含鐵質可預防貧血，總體營養比糙米更高，但是腎臟病人慎食不過量。

食養百寶箱

紅糯米

【品種來源】

本品為禾本科植物糯稻的種仁。糯稻為稻的一個變種。

【性味歸經】

甘、平。入脾、胃。

【功效】

暖脾胃，補中益氣，縮小便，收自汗。

【主治】

治胃寒痛，脾胃氣虛 妊娠腰腹墜脹，勞動後氣短乏力，體弱。補益氣血，潤膚。夜多小便，小便頻數。糯米煮粥，有滋養胃氣作用，故有「糯米粥為溫養胃氣妙品」之稱。

【文獻別錄】

《本草綱目》

暖脾胃，止寒泄痢，小便，收自汗，發痘瘡。

思邈：" 脾病宜食，益氣止泄。"

【注意禁忌】

糯米性粘滯，難于消化，小孩或病人宜慎用。紅糯米的磷含量也高，和糙米等全穀類一樣不適合腎臟病人食用。

【現代藥理】

- 紅米的紅色米糠也有豐富花青素，是天然的抗氧化劑。
- 花青素：消除有害自由基、防皮膚皺紋、防曬、抗輻射、防癌，富含鐵質，預防貧血。
- 糯米含有醣類，粗纖維，蛋白質、脂肪、鈣、磷、鐵及硫胺素等成分。營養成分比糙米含量高。

疏肝解鬱的山野黑珍珠

Tana 快樂的刺蔥

刺蔥雖有蔥字但不是葷菜。因葉柄及心常呈紅色，全株有刺又有些香蔥味，常叫紅刺蔥，辛辣度如蔥但香氣全然不同，是原住民常用的香料；早年原民捕獲獵物，由於駝回部落的路程遙遠，就地取材以刺蔥塗抹獵物全身，達到除腥去羶保鮮增香的作用。刺蔥獨特的辛香味，也常燃起原民對家鄉的鄉韻思愁。

原民稱刺蔥為快樂的 山野黑珍珠」，是生食、煮湯、炸食、燉煮、醃製……料理時少不了的辛香聖品。泰雅族、阿美族稱刺蔥為「塔耐 Tana」，布農、賽德克、太魯閣族……台灣的原民部落廣泛食用，此外它也是中藥材，具有疏肝解鬱及起陽的功效，在部落中，「生薑、刺蔥、蕗蕎」被譽為辛香三劍客，有了它們，食蔬肉食的調理就更加美味了。

刺蔥別名多，屬蜜源植物，花開時吸引蝴蝶紛沓而來，又稱「蝴蝶樹」，已有千年以上食用歷史。最容易被記得的名字是「鳥不踏」，因為全株長滿銳刺，連小鳥都不敢停棲；外型類似香椿，但香椿無刺，刺蔥的刺連葉片中間也是，採摘時需用剪刀剪下食用部分。屬芸香科落葉喬木的刺蔥，少數原民部落也視為避邪植物；最特別的是布農族以刺蔥莖幹曬乾，敲擊聲傳遠地，特定節奏有如摩斯密碼，是部族親戚之間特別的聯絡方式。

全株可運用的刺蔥是高經濟作物，食用時多採摘嫩葉入菜，生食熟食都各具風味，大家熟知的料理就是香噴噴的刺蔥煎蛋、刺蔥涼拌豆腐與水餃沾醬……，營養價值高。喜歡生食的人可多食刺蔥，因為其驅蟲效果經驗證，可免去一肚子蟲蟲危機。根莖葉部分則可藥用，也是暖胃去燥濕良方。

刺蔥也稱「食茱萸」，是台灣原生種植物，生態指標植物，有化肥及農藥的土地無法栽植，原民部落常種植於自家花園，現採鮮吃。目前也普遍栽種於林口桃園及南投埔里高地，採集多在春季。而市面上也有乾燥刺蔥及刺蔥粉，方便儲存料理。

刺蔥風味獨特，生食鮮葉青香帶辣口轉甘，做沙拉或像韓系菜色中包著烤肉吃非常美味，煨燉煮時激發辛香底韻，風味層次獨特，微量增香做為點韻的隱味，妙不可言。

食養百寶箱

刺蔥；食茱萸

別名：紅刺蔥、大葉刺蔥、仁刺蔥、刺江某、越椒、毛越椒、鳥不踏。

【品種來源】

食茱萸古來與花椒、薑並列為「三香」。明代中葉，是四川料理廣泛使用的調味品。《本草綱目》中記載：食茱萸「味辛而苦，土人八月采，搗濾取汁，入石灰攪成，名曰艾油，亦曰辣米油。味辛辣，入食物中用」。明末清初引進辣椒，古典川菜中的食茱萸就讓位於辣椒了。

【性味歸經】

辛苦，溫。

【功效】

溫中，燥濕，殺蟲，止痛。
主治：治心腹冷痛，寒飲，泄瀉，冷痢，濕痹，赤白帶下，齒痛。頭痛、風溼關節痛。

【文獻別錄】

《藥性論》治冷痹腰腳軟弱，通身刺痛，腸風痔疾，殺腸中三蟲，去虛冷。
《本草拾遺》治惡血毒，起陽，殺牙齒蟲痛。
《本草綱目》治冷痢帶下，暖胃燥濕。

【注意禁忌】

腎臟功能不佳者限制食用，陰虛火旺者不宜。

【現代藥理】

- 膳食纖維含量高；每 100 克刺蔥約含 700 毫克的鈣，三分之一碟就與 1 杯牛奶的鈣相當 ；刺蔥的鐵質高，吃素的人可藉此補鐵。
- 食茱萸的鉀含量多達 640 毫克，對穩定血壓有幫助，食茱萸還有預防痛風的功效。
- 食茱萸中的多酚類植化素，能抑制黃嘌呤氧化酶，降低尿酸，預防痛風。

疏肝解鬱的山野黑珍珠

大地之母小米

小米酒無人不知，「小米」和原住民生活息息相關。小米是原民主食，也具有神聖靈性，因此從播種到收割都會舉行繁複的祭儀，也因為象徵豐收，更成為不可或缺的祭品。許多原民家屋都會掛小米米穗，示意當年豐收的「財產」實力。小米耐旱耐瘠，即使惡劣的環境都能生長又耐儲存，就像「大地之母」一樣供給人們溫飽。

相傳在三、四百年前泰雅族有個叫「翁」的部落，小米是祖靈派遣小鳥送來的種子，結穗成熟後可供食用讓整個部落都聞到香味。頭目感謝祖靈命名為「你把我們放在心上」，取前面兩個字音「小米」。小米祭禁忌多，必須以神聖的心情面對，諸多細節都要小心翼翼，小米播種祭是泰雅文化非常神聖的祭儀，關乎部落未來一年的生計。

布農族是傳統祭儀最多的一族，用月亮的圓缺作為耕種和舉行祭祀的依據，有罕見的「年曆譜表」，紀錄著小米播種祭、小米豐收祭的日期。布農族祈禱小米豐收時所唱的歌唱，就是享譽國際的「八部合音」。

阿美語稱小米為 Hafay 或 Lamlo，日常食用的的叫 Tipos。阿美族老人認為小米是所有植物中精靈最敏感的一種，而且具有人性，有靈眼、靈耳和靈覺，為了避免觸怒小米精靈，播種、收割都要遵守禁忌。收穫祭要持續五日，在黑暗中偷偷跳舞，跳得越狂熱，農作物的成長收成就會越好。

卑南族的祖先 Temalasaw 為了尋覓可當作主食的植物來到蘭嶼，在當地愛上 Tayban 並娶她為妻。後來發現了小米，於是將種子帶離蘭嶼種植。在卑南族部落中。卑南族的宗教活動是環繞著農作的週期來進行，對於「年」的計算是以大獵祭的展開為依據，大獵祭舉行時就是小米的播種期。

小米 (Setariaitalic) 屬禾本科，是一年生草本植物。原民運用小米煮成粥、米糕或是釀酒飲用。含有多種維生素、胡蘿蔔素、脂肪、蛋白質、碳水化合物和膳食纖維，鐵的含量也高，是補血、健腦的糧食，可以讓虛寒產婦的體質得以調養恢復體力。小米有安定神經、穩定情緒的食療效果，在睡前吃碗溫熱小米粥可以幫助入睡。

食養百寶箱

粟；小米、稞子、黏米

【性味歸經】

性涼，味甘鹹。歸腎、脾、胃經 。陳粟米味苦性寒。

【功效】

健脾和胃，補虛損，除煩止渴，通利小便。

【主治】

- 用於脾胃虛弱，消瘦乏力，腹脹，泄瀉，反胃吐食。可單用粟米，或同山藥、蓮子、茯苓等研末煮粥食。小兒脾虛泄瀉，消化不良，以粟米研細為末，煮糊加白糖適量哺餵。
- 用於素體虛衰或產後體虛。以粟米，大紅棗煮粥，加紅糖食用。
- 用於胃熱消渴口乾。以陳粟米煮飯。
- 用於小便不利而有熱者。可配車前子煎湯服。

【文獻別錄】

《食醫心鏡》中說：「治消渴口乾，粟米炊飯，食之良。」

【用法用量】

內服，煎湯或煮粥。

【注意禁忌】

忌與杏仁同食。《飲食須知》：「胃冷者不宜多食。」

【現代藥理】

- 粟米含蛋白質、脂肪、澱粉及鈣、磷、鐵、胡蘿蔔素、維生素 A、維生素 B1、維生素 B2 等。
- 粟米所含營養成份與大米相比，蛋白質、脂肪、維生素比大米的含量高，此外尚含菸鹼酸及維生素 A。
- 對於產婦、小兒尤屬相宜。發芽的粟粒，名曰粟芽，含澱粉、維生素 B、蛋白質等，有幫助消化作用。可曬乾或烘乾後研末服用。

食養保健提振精力

蔥科蕗蕎溫潤辛香

蕗蕎的味道和蒜、大蔥差不多，但較溫潤，沒有那麼刺激辛辣。長得很像珠蔥，是阿美部落提振精神的一味食材，甚至有「天然威而鋼」的封號。雖然摘種面積不大，對善用天然資源的原民來說，除了食用之外也被拿來作為藥用，可以說是用途廣泛。

同為蔥科的植物，葉片很像蔥和韭菜、鱗莖又和大蒜相似，很多人初見蕗蕎常常會認錯。蕗蕎又稱火蔥、蕎頭、薤(謝)或是小蒜。據說中國古代在立春時，要獻五種春後冒出的野菜發芽給春神，相信如此可淨化大地之氣，淨化人體，獻的五辛裏就包括了小蒜，也就是蕗蕎，所以春天吃蕗蕎還有淨化、迎新的象徵意義呢。

原產於中國，栽培歷史悠久，現在亞洲地區中國、日本、越南、寮國、柬埔寨…等地都有栽種。根據史料，蕗蕎是跟隨原住民族移民台灣時傳入，排灣族語稱為 laugiu，適合生長在 800 至 1,200 公尺的山地。除了花蓮、新竹及雲林……等地區較具栽培規模之外，在新北、基隆、宜蘭、苗栗以及屏東也有零星栽種。

蕗蕎為多年生宿根草本植物，莖特化成鱗莖的形態，橫徑約 1~2 公分以上，頂端稍尖，外披一層白色或帶紫色的半透明膜，卵形的鱗莖就是主要拿來食用的部位。原民部落直接生吃蕗蕎，阿美族多用鹽巴沾食，在盛大祭典當中大啖醃豬肉、烤香腸時，也佐點兒辛辣的生蕗蕎解膩，是慶典上不可或缺的食材。

蕗蕎還可以熱炒、醃漬食用，呈現不一樣的風味。蕗蕎的嫩葉、鱗莖切碎可清炒、煎蛋，或是加肉片、海鮮一起拌炒，呈現極具原民風味的佳餚。蕗蕎的鱗莖加鹽、糖、醋或梅汁一起醃漬，製作出酸甜爽脆的醃菜，在夏季炎熱天氣食慾不振時，是一道很不錯的開胃菜。其易於辨認，辛香撲鼻且圓潤的特性，與肉類燉煮結合更能提鮮，壓制豬肉的腥羶味。蕗蕎本身的鈉含量很高，洗腎的患者或是高血壓的民眾必須適量食用。

阿美族人透露，在部落蕗蕎除了食用還被拿來當藥服用。蕗蕎的鱗莖稱為薤白含有豐富的維生素 C 及膳食纖維，具有通便的效果，且有利於重金屬的排出，也有消毒殺菌的效果，是極佳的天然藥材；在野外如被毒蟲螫傷，將蕗蕎葉搗爛敷在傷口上，腫病很快就消。

食養百寶箱

薤

別名：蕗蕎 薤頭、小蒜、薤白頭、野蒜、野韭等。

【品種來源】

本品為百合科多年生草本植物薤 (A. chinense G. Don) 的地下鱗莖。全國各地均有分佈。
夏、秋二季採挖，洗淨，除去鬚根。華人地區常作醃菜。

【性味歸經】

辛、苦，溫。歸肺、胃、大腸經。

【功效】

通陽散結，行氣導滯。

【主治】

- 用於胸痹證。本品辛散苦降、溫通滑利，善散陰寒之凝滯，行胸陽之壅結，為治胸痹之要藥。治寒痰阻滯、胸陽不振所致胸痹證，常與瓜蔞、半夏、枳實等配伍，如瓜蔞薤白白酒湯、枳實薤白桂枝湯等。
- 治痰瘀胸痹，剛可與丹參、川芎、瓜蔞皮等同用。
- 用於脘腹痞滿脹痛，瀉痢裡急後重。本品有行氣導滯、消脹止痛之功。

【文獻別錄】

《名醫別錄》「溫中，散結氣。」
《本草綱目》「治少陰病厥逆泄痢及胸痹刺痛，下氣散血。」

【現代藥理】

本品含大蒜氨酸、甲基大蒜氨酸、大蒜糖等。薤白能促進纖維蛋白溶解，降低動脈脂質斑塊、血脂、血清過氧化脂質，抑制血小板聚集和釋放反應，抑制動脈平滑肌細胞增生等。

全株可用具高經濟價值

最佳全奉獻山苦瓜

山苦瓜吃起來苦後回甘的味道，雖然不一定人人喜歡，但是營養與保健的效果，眾所周知。山苦瓜別名野苦瓜、小苦瓜，屬蔓性攀緣草本植物，原來是原生種作物。山苦瓜的根、莖、葉、果全部可使用，是奉獻度極高且對原民生活有極大助益的植物。

果實呈現橄欖型至長橢圓型的山苦瓜，顏色為綠色至深綠色，花開時為清雅的小黃花，其外型類似市面上常見的白色苦瓜，但體型小很多，後來經農業改良則約為巴掌大，並且大量生產。在花東縱谷、宜蘭地區等環境很容易種植，台灣的中、南部地區的中低海拔山區、野地等地也經常可見，屬台灣的百年歷史野生植物種。

在原民的生活中，山苦瓜全株都可運用，在部落中這是夏天易取得的消暑食材。山苦瓜的果，原民通常煮成湯，其嫩葉與時令野菜可煮成八部菜。莖的部分在還有濕度的狀態下煮成茶，除了是消暑的飲品之外，更是生病時調理、部落耆老們拿來解熱退燒的最佳偏方。較粗的根及葉在曬乾後，可以拿來當柴火燒，是可迅速點燃的最佳火苗。在生長期中，植株茂盛的藤蔓將會恣意的攀爬籬笆成為美麗的綠牆。

因為山苦瓜從果到根皆能無私的奉獻，成就了現今山苦瓜的低成本高價值。日本人首先購買作成茶，透過農業改良的技術成熟，例如花蓮壽豐鄉農會量產，創造更高經濟價值；生物科技的發展，日本積極與原民農業合作，開發更多的山苦瓜產品；從保健功效的山苦瓜膠囊，到生活品味的山苦瓜茶包，都成了優先外銷日本市場的利器。更多的科學研究結果，也讓山苦瓜從原本的原民貼身生活夥伴，一躍而成了明日之星。

中醫上的屬性為偏寒，清熱解毒。在古中醫文載，言明其中的「消渴作用」，『渴』就是現在糖尿病的多吃、多喝、多尿，因此對控制血糖保健有幫助。現今的研究，山苦瓜上具有調解血脂作用，亦即調節膽固醇，改善代謝異常所導致的困擾。其禁忌是脾胃偏寒的人要酌量食用，可能會導致腹瀉跟肚子疼痛。

食養百寶箱

野苦瓜

別名：小苦瓜、土苦瓜、山苦瓜

【品種來源】

本品為葫蘆科植物苦瓜屬的果實 Momordica charantia.L

【性味歸經】

苦寒、 歸心脾肺經。

【功效】

利水消腫，清熱解毒。

【主治】

用於水腫，濕疹，瘡瘍，退熱，消渴。

清熱消暑，瀉火 目赤疼痛，消炎解毒，消水利尿。

【文獻別錄】

《滇南本草》治丹火毒氣，惡瘡結毒，或遍身已成芝麻疔瘡疼難忍。 六經實火，清暑，益氣，止渴。

《生生編》：除邪熱，解勞乏，清心明目。

【注意禁忌】

脾胃虛寒者食後易腹痛腹瀉。

【現代藥理】

山苦瓜萃取物在科學研究論文中，顯示可以改善糖尿病模式動物的血糖，發現以苦瓜粗萃取物，在正常與糖尿病小鼠模式動物中，發現具有維持血糖恆定的作用，而可能的機制，經科學證據推斷可能是透過與胰島素接受體結合。山苦瓜萃取物亦有調節血脂作用，以及改善代謝症候群之作用。

馬太鞍 Fata’an!! 勇士精力湯

原鄉珍寶彩色樹豆

馬太鞍部落過去長滿樹豆，族人視為吉祥物，貼身帶著四處播種，就稱此地為「fataan」；樹豆也被稱為「原民的威而鋼」，也叫「放屁豆」，以前勇士狩獵前會熬煮樹豆燉肉，吃了飽足感十足戰鬥力大增，所以被稱為《勇士精力湯》。樹豆的果實曬乾後顏色則有棕、黃、黑、花等色，看起來賞心悅目，煮熟後味道美味獨特，阿美族以 fata'an 為名當糧食而廣泛栽種。

栽植及食用樹豆最多的是阿美族馬太鞍，花蓮光復鄉有兩大阿美族部落，古名為馬太鞍與太巴塱，馬太鞍之阿美族語意為樹豆；相傳部落祖先移居到此，遍野纍纍黃橙橙的樹豆果實，驚呼稱之為 fata'an，指物為地名，馬太鞍地名由此而來。

樹豆是部落的家園植物，矮灌木的高度剛好當圍籬矮牆，開花時黃澄澄的非常好看，莖幹樹葉曬乾可當柴火，思鄉遊子回部落，遠遠看見炊煙裊裊，老人家鍋裡燉著樹豆排骨湯，不禁念著 fata'an ！ fata'an ！腳步歡快的奔回家喔。

樹豆在部落是歡聚分享的食物，因為熬煮時間長平日較少煮食，以前山裡打獵回來，老人家總會留一些帶骨的肉，在家屋爐灶上慢慢燻乾，像是山羊、山羌、山豬肉……等，大鍋熬煮搭配煙燻私藏的野味，部落節慶或遠方親友來訪時，煮樹豆湯待客最有誠意。樹豆在阿美族有驅邪吉祥的意涵，彩色的豆子久藏不壞，餽贈親友很有面子，後來因為聯姻從阿美部落擴散栽植。

樹豆緣於古印度，是世界糧農組織（FAO）大力推薦的營養糧食，全球食用豆類中，樹豆產量排名第六，是開發中國家重要的植物蛋白質來源。還是環境保護植物，可以食用、飼料用、藥用、燃料用及水土保持等。具耐旱的特性，早年部落山田耕作普及，樹豆的深根系統，能善用地下水及微量元素，產生氮素，加速土壤養份循環改善地力。

一身是寶的樹豆，是阿美族記憶中的珍貴食物，也是節慶團聚的重要分享。樹豆用在法式燉菜，煨化後底韻厚實醇美，嚐起來愉悅且易於消化，家常菜或功底深厚的廚藝者，相信都能在樹豆烹調上，找到屬於自己口味的樹豆食譜。

食養百寶箱

木豆
別名：樹豆

【品種來源】

木豆（學名：Cajanus cajan）為豆科木豆屬下的一個種，又稱樹豆，原住民的主要糧食，阿美族人將這種樹豆視為吉祥物。以根入藥。原住民的勇士湯。（樹豆和豬腳一起煮）

【性味歸經】

辛、澀，平。
歸肝脾經，性味平，是傳統上筋骨保健的良方。

【功效】

利濕，消腫，散瘀，止血。

【主治】

風濕痹痛，跌打損傷，衄血，便血，瘡癤腫毒，產後惡露不盡，水腫，黃疸型肝炎。

【文獻別錄】

《泉州本草》：清熱解毒，補中益氣，利水消食，排癰腫，止血止痢。治心虛，水腫，血淋，痔血，癰疽仲毒，痢疾，腳氣。

【現代藥理】

- 其水浸劑對絮狀表皮癬菌有抑制作用（體外試驗）。
- 營養成分中有高量的鋅，對攝護腺有保護作用。鋅作用：強化免疫功能，抗憂鬱，穩定血糖，男性生殖能力有關。
- 每 100 克樹豆中含粗蛋白質 19.4 克、鋅 2.8 毫克、鐵 2.8 毫克、維生素 E 7.4 毫克、維生素 B1 0.76 毫克、維生素 B2 0.2 毫克，並富含高抗氧化物質。樹豆含有 20~22% 蛋白質、55% 澱粉及八種人體必需氨基酸等。

辛辣行血祛寒抗氧化
老薑驅邪慶豐收

老薑味道辛辣可祛寒；原民習慣直接切片沾鹽生吃，或以鹽醃後生食，也會搭配野菜或魚類烹調料理，生活當中與老薑息息相關。除了食用，在阿美族「巫師祭」或慶豐收時，透過巫師和神靈的交會，祈求祖靈護佑部落平安。巫師手持檳榔葉，以歌唱方式召喚祖靈，過程中族人會手持米酒、生薑，沿路噴灑為女巫師開道，引領祖靈前來。

以前原民阿嬤會使用老薑作為皮膚消炎劑，日常生活若有痠痛，會用老薑在痠痛的部位直接磨擦，搓到皮膚泛紅，雖然皮膚會感覺好辣，但是從鼻腔到痠痛的地方都會感到舒暢。因為生薑含揮發油，可以加速血液循環，達到活血通暢的功效。如果遇上風寒不適、消化不好，老薑水便是最好的天然藥材。

原民常運用薑做料理，烹調海鮮、雞肉、豬肉⋯，加些老薑調味，很能發揮去腥提味的妙用。有些部落會用黑糖、老薑做成薑母茶，寒冬裡暖心暖胃。三月份收成飽漲結實的生薑塊，原民手工慢炒製成黑糖山薑片，經過長時間慢炒，黑糖滲入薑片當中，性溫味甘的黑糖健脾暖胃。薑也會磨成老薑粉使用；老薑手工洗淨、切片，在日光下長時間曝曬，再文火慢炒製成粉狀，可以泡澡、泡腳，也可以直接食用對付風寒感冒、頭痛、咳嗽，達到食療的功效。

山坡地排水好的地方，以前原民會隨意種植外型較細小的竹薑。薑適合生長在土層深厚、排水良好的砂質土壤，薑是淺根性作物，易破壞土壤的肥沃度，因此種植老薑後需要休耕，以恢復土地的養分。薑依照生長採收的順序稱為嫩薑、粉薑和老薑。種植後 4~5 個月採收是嫩薑、8~10 個月採收是粉薑，老薑則種植將近一年以上甚至三年。用法上，嫩薑多用在生食或是佐菜，粉薑多用在熟食料理或湯品調味，老薑則在冬季進補、萃取精油或是做薑種使用。

薑 (Ginger) 來自梵文，語源表示「角狀」之意，就是形容地下根莖的模樣。薑屬蘘荷科，原產在印度。古人有云：「早晨吃片薑，賽過人參鹿茸湯」正是因其含有薑油酮、薑辣素、薑漿等辣味成分和薑醇、薑烯等芳香成分，富含多種維他命、礦物質，包括容易缺乏的鐵、鋅、鎂⋯等，抗氧化能力名列前茅。

食養百寶箱

薑

【品種來源】

本品為薑科多年生草本植物薑 (Zingiber officinale Rosc.) 的根莖。

【性味歸經】

辛，溫。歸肺、脾、胃經。

【功效】

發汗解表，溫中止嘔，溫肺止咳。

【主治】

- 能發汗解表，祛風散寒，但作用較弱，故適用於風寒感冒輕證，可單煎加紅糖服，或配蔥白煎服。
- 用於胃寒嘔吐。本品溫胃散寒，和中降逆，止嘔功良，故有「嘔家聖藥」之稱。
- 用於風寒咳嗽。辛溫發散，能溫肺散寒化痰。此外生薑能解半夏、天南星及魚蟹毒。

【文獻別錄】

《名醫別錄》「主傷寒頭痛鼻塞，咳逆上氣，止嘔吐。」
《本草拾遺》「汁解毒藥，破血調中，去冷陳痰，開胃。」
《本草綱目》「生用發散，熟用和中。」

【注意禁忌】

本品傷陰助火，故陰虛內熱者忌服。

【現代藥理】

- 本品含揮發油，油中主要為薑醇、薑烯、水芹烯、檸檬醛、芳香醇、甲基庚烯酮、壬醛、α －龍腦等，尚含辣味成分薑辣素。
- 生薑能促進消化液分泌，有增進飲食作用；有鎮吐、鎮痛作用。
- 醇提出物能興奮血管運動中樞、呼吸中樞、心臟；正常人嚼生薑，可升高血壓。
- 對傷寒桿菌、霍亂弧菌、堇色毛癬菌、陰道滴蟲均有不同程度的抑殺作用。

咖哩香料天然抗氧化

薑黃食藥用祭祀天地

色彩亮黃、微帶辛辣滋味的薑黃，可以增添食材的風味，在原民的智慧當中，早就發現藥用效果，讓薑黃躍身「高經濟作物」。薑黃含有獨特薑黃素，更有抗氧化、抗發炎，以及活血化瘀、促進代謝的功效。早年，原民都會使用薑黃來治療發炎性疾病。

薑黃或許還有人覺得陌生，但是「咖哩」大家應該都吃過聽過，原來薑黃的根莖磨成的深黃色粉末正是咖哩主要香料之一。薑黃 (Curcuma longa) 又稱黃薑，為薑科薑黃屬植物。早在 4,000 多年亞洲熱帶的人類文明史就開始使用，所以古印度、中國到南洋各地，都有使用薑黃在料理、醫學及宗教儀式。近年隨著萃取技術發達，薑黃儼然成為熱門的健康食物。

源自印度吠陀文化就開始使用的薑黃，台灣原民當中，地處山區的泰雅族、排灣族都有種植與使用。阿美族甚至在祭祀儀式中，會常看到薑黃花的身影。阿美族生活範圍裡經常可見薑黃，夏季開花時分，白的、黃的、粉嫩的薑黃花形美麗，是祭天祭地時絕佳選擇。漂亮的薑黃花是盆栽和切花的好材料，花園裡盛開的薑黃花十分優雅耐看。

薑黃不耐寒，適合冬季溫暖、夏季濕潤的環境，由於抗旱能力較差又怕積水，生長初期必須陰涼，生長旺盛期又需要充足的陽光。所以在山區的泰雅族、排灣族因地利之便一直有種植、使用的習慣。冬季挖取根莖側根末端膨大的塊根，放室內貯藏，一部分使用、也會留用作為明天耕種的種。

目前醫學研究證實薑黃排毒效果強，成分當中含有抗氧化的多酚是天然抗氧化劑。可以抑制自由基形成，並有抗菌、促進新陳代謝及抗老化的作用。

在原鄉，薑黃會磨成薑黃粉搭配食物或飲品。最普遍的用法就是加入米飯，拌炒成薑黃飯。薑黃粉也可以直接加入蔬菜拌炒，和高麗菜、花椰菜都很對味。雞肉、豬肉的料理當中加些薑黃粉，滋味豐富不說，還有去腥提味的效果。加入烘焙也很搭，薑黃黑糖餅、薑黃蛋糕…大受歡迎。現在還有很多人喜歡直接飲用薑黃粉，和咖啡共譜薑黃拿鐵、與枸杞入茶起護眼功效。

食養百寶箱

薑黃

【品種來源】

本品為薑科多年生草本植物薑黃 (Curcuma longa L.) 的根莖。

【性味歸經】

辛、苦，溫。歸肝、脾經。

【功效】

- 活血行氣，通經止痛。
- 於血瘀氣滯的心、腹、胸、脅痛，經閉，產後腹痛，及跌打損傷等。治心腹痛，配當歸、木香、烏藥同用；治經閉或產後腹痛，配當歸、川芎、紅花等；用治跌打損傷，常配蘇木、乳香等同用。
- 用於風濕臂痛。尤長於除肩臂痹痛。常配羌活、防風、當歸等祛風濕活血之品同用。
- 本品配白芷、細辛可治牙痛；配大黃，白芷、天花粉外敷可治癰腫疔毒。近代臨床還用於治高血脂症，對降低膽固醇、三酸甘油脂有一定作用。

【文獻別錄】

《日華子本草》：「治癥瘕血塊，癰腫，通月經，治扑損瘀血，消腫毒，止暴風痛，冷氣，下食。」

【用法用量】

煎服，3 ～ 10g，外用適量。

【現代藥理】

- 本品含薑黃素和揮發油。
- 薑黃素和揮發油，在實驗中，對高脂血症有明顯的降低作用薑黃素能增加心肌血流量；能增加纖維蛋白溶解酶活性，抑制血小板聚集；有利膽作用，能增加膽汁的生成和分泌，并增加膽囊的收縮。
- 薑黃素對過敏引起的老鼠足腫有與 cortisone 相近的抗發炎作用。
- 薑黃煎劑及浸劑對小鼠、豚鼠及兔子宮均有興奮作用。

運用廣泛美食慶典配戴

台灣藜穀類紅寶石

紅藜氣味平和，品嚐有淡淡的穀物味道，是台灣原住民耕種百年的傳統作物，2008 年被正名為「台灣藜」，含有高蛋白質 15~16%，具胺基酸均衡、高離胺酸 (Lysine)、高維生素 C、高鐵及高鉀等特點。台北醫學大學動物實驗指出，台灣藜能預防大腸癌前期病變及高營養、抗氧化功效，吸引更多的民眾的關注與食用。

生長在部落的原民，對紅藜並不陌生，紅藜在排灣語稱 djulis 或 tjulis，魯凱語為 baae 或 ba'e，布農語稱 mukun，阿美語則稱 kowal。魯凱及排灣族最廣泛使用紅藜，習慣將紅藜入菜，用來製作傳統美食吉拿富（即原民便當）及阿拜（肉粽）；使用小米加紅藜包肉，或是米、芋頭包肉等不同口味，以甲酸漿葉包起來入鍋蒸煮，或是阿美族以月桃葉包起做成阿拜，紅藜的添加呈現不同的口感。

對阿美族而言，紅藜是花園裡的植物，有黃有紅，採收時會加白米同煮紅藜飯，更是三色米材料，色彩漂亮添加香氣。也有原民美食添加做成小米粽或竹筒飯食用，除了入菜可與小米釀成小米酒；小米為主、紅藜為輔。紅藜帶殼與去殼口感不一，講究養生的人會選擇帶殼，端看個人的喜好。若將果實曬乾、脱殼，讓種子與殼分離，取種子磨成粉沫狀調水，還可混合肉餡製成湯圓等。

台灣藜一般以秋季播種為主，多於中低海拔地區，植株生命力旺盛、耐旱性極佳，原民傳統的耕作習慣；是將小米與台灣藜種子混合後進行撒播，今日則是分開撒播，因此現在小米與台灣藜種子長成毗鄰的田地較常見。

被稱為「穀類紅寶石」的紅藜，不僅是歡慶時用心分享的裝飾點綴，天然的顏色也成為原民婦女的最佳飾品，排灣或魯凱族女性會將紅、黃、橘等色的紅藜編成頭飾，婚宴或重要祭典須著盛裝時，配戴鮮豔的紅藜頭冠，具畫龍點睛之效。

對愛美的女性而言，紅藜也是天然的皮膚保養品，不僅內服還可外用，因具抗氧化成分，已被用於美容產品及面膜的開發，成為現代人養顏美容的選擇之一。中醫認為其具有清熱祛濕、消腫解毒、殺蟲止癢的效果。台灣藜膳食纖維是地瓜的五倍，並可降低膽固醇、改善糖尿病、抗氧化及抑制大腸癌發生，營養價值高。

食養百寶箱

台灣藜（紅藜）

【品種來源】

學名：Chenopodium formosanum，英文名：Red Quinoa，為莧科藜亞科藜屬之台灣原生種植物。傳統稱為紅藜，於 2008 年 12 月正名為台灣藜，是台灣原住民耕作百年以上的傳統作物。

【性味歸經】

甘；性平

【功效】

清熱祛濕；解毒消腫；殺蟲止癢。

【主治】

痢疾腹瀉腹痛；齲齒痛；濕疹疥癬；瘡瘍腫痛；毒蟲咬傷

【文獻別錄】

《本草拾遺》殺蟲。
《本草綱目》煎湯，洗蟲瘡、漱齒匿；搗爛，塗諸蟲傷，去癜風。
《四川中藥誌》清熱退燒。
《上海常用中草藥》止瀉痢，止癢。
《中國沙漠地區藥用植物》殺蟲止癢，除濕熱，利水。

【現代藥理】

- 紅藜萃取物能抑制初期醣化蛋白形成，從源頭阻斷膠原老化，保護並維持肌底膠原機能。是為一種創新型的美容抗老食品原料，主要功效為促進肌膚膠原蛋白增生且可抗膠原老化，延緩肌膚老化，預防皺紋產生。
- 經人體臨床試驗證實，在連續使用 28 天後，肌膚膠原蛋白可增加，和肌膚含水量上升，帶有大腸癌前期病變的大鼠，在餵食「台灣紅藜」10 週後，各項大腸癌前期病變指標均出現顯著改變，顯示能有效抑制大腸癌前期病變生成，達到預防效果。

嫩葉入菜還能解酒解熱

龍葵苦甘聯結情感

龍葵入口微苦而後甘，俗稱黑甜菜，在台灣鄉間常見野生龍葵，對原民來說是道家常野菜。生的龍葵含有類似皂甙的龍葵鹼，不能生食，原民大多汆燙、炒食或煮粥、煮湯。龍葵是茄科茄屬植物，果實可以吃、嫩葉能入菜，有清熱、利尿、活血、解毒功效。龍葵煮湯可是解酒良方。也能做為外敷用藥。

一般人可能對龍葵成熟的漿果比較熟悉，似野葡萄大的紫黑色果實可以直接吃，滋味甘甜帶點兒微酸，讓龍葵有老鴉眼睛菜、野葡萄……的別號。酸甜果子讓孩子們總忍不住偷吃幾顆，不過也是不能多吃喔！

龍葵原產於東亞、西亞，熱帶到溫帶地區，台灣全島、蘭嶼、綠島、小琉球、金門、馬祖……都有分布。因為生命力強健容易照顧，所以隨處可見，再加上全年都可以摘採嫩葉食用，在原鄉食用普遍。

阿美族喜愛野菜，經常使用當令食材烹調八部菜（什錦湯），龍葵是最受歡迎食物之一，有時加小魚乾一起煮湯，調味後再打上蛋花，藉以運用蛋白質化解龍葵的苦味。部落裡如果有人發燒，長輩會用龍葵直接煮水、不需要調味，放冷當水喝，藉龍葵清涼降火的功效，當作免費又方便的退燒藥。

排灣族會用龍葵煮成乾粥，一人一支湯匙一起分食，長輩會提醒用湯匙食用自己面前的食物不可踰越。對不少離家的遊子來說，在外地吃到龍葵就會燃起思鄉之情，雖身處異鄉也能立刻就串聯起與故鄉的情感。

龍葵越來越受歡迎已量產當作養生野菜，因為不難照顧，不少園藝也會當作綠美化植物來觀賞，龍葵巴掌大的葉子呈心型或是卵形，和辣椒葉類似。含有豐富的皂甙、維生素 A、龍葵素的龍葵，有清熱解毒、利水消腫、活血利尿的功能。

龍葵性寒，在熱炒時可用麻油先爆炒老薑去寒，搭配雞蛋或是肉絲料理，利用龍葵當中的生物鹼、皂苷與蛋白質結合的巧妙，讓龍葵苦味大減，吃完後口齒留甘。嫩莖葉汆燙後可以用蒜頭、醬油、薑作為拌料，比較時興的吃法，也可搭配日式和風醬。對於以往較少吃龍葵的朋友，推薦您嘗試學習跨界料理，配合歐陸菜式的作法，調和龍葵的苦味，為自己記憶一種新的味道。

食養百寶箱

龍葵

【品種來源】

龍葵（學名：Solanum nigrum），又稱烏籽菜、天茄子、牛酸漿、烏甜菜，是茄科茄屬植物。龍葵草的漿果和葉子均可食用，但含有大量生物鹼，須經煮熟後方可解毒。

【性味歸經】

苦微甘，寒，有小毒。肺肝胃經。

【功效】

清熱解毒；活血消腫。

【主治】

主疔瘡；癰腫；丹毒；跌打扭傷；慢性氣管炎；腎炎水腫。

【文獻別錄】

《本草正義》：龍葵，可服可敷，以清熱通利為用，故並治跌仆血瘀，尤為外科退熱消腫之良品也。

【注意禁忌】

毒性：龍葵鹼作用能溶解血球。過量中毒可引起頭痛、腹痛、嘔吐、腹瀉、瞳孔散大、心跳先快後慢、精神錯亂，甚至昏迷。曾有報告小孩食未成熟的龍葵果實而致死亡（與發芽馬鈴薯中毒相同）。
脾胃虛弱者勿服。

【現代藥理】

- 提取物對動物有抗炎作用。
- 有些動物實驗報告顯示，龍葵有穩定血糖的功效。
- 小量能增強動物（大鼠、兔）中樞神經系統的興奮過程，大量則增強抑制過程。
- 初步試驗龍葵果有鎮咳、祛痰作用。
- 抑菌試驗龍葵煎劑對金黃色葡萄球菌，痢疾桿菌，傷寒桿菌，變形桿菌，大腸桿菌，綠膿桿菌，豬霍亂桿菌均有一定的抑菌作用。

花環民族編織最美麗的風情

洛神葵後山的紅寶石

洛神花茶、洛神蜜餞酸酸甘甜的滋味，是印象中的洛神味道，主要食用為洛神葵花萼部分，其實新鮮採摘下來口感是酸澀難入口的。洛神葵是原鄉的家園植物，煮成花茶可以清熱、降血脂血糖，末梢的嫩葉可入菜，曾經被台灣評為十大抗氧化蔬菜。其莖皮可抽取纖維，製成繩索及布料，而種子有藥用功效。

洛神葵源自印度，分布於熱帶與亞熱帶地區，當初日本人引進，全省很多地方零星種植，由於東部的地形與氣候最適合栽種，約九成在現今台東的金鋒鄉、太麻里、卑南鄉等地區。洛神葵因色彩鮮紅明艷，適應土地能力強，在農民眼中堪稱「野性紅寶石」。每年11至12月是盛產期，植株生性強健，極為耐旱，無論貧地或沃土皆可栽培，也象徵原民與大自然共存的無畏精神。

美麗的植物洛神葵，是原民重要慶典的主角之一，卑南族每到12月大獵祭（豐年節）時，異鄉遊子紛紛返鄉圍爐團聚時，歡樂地跳舞慶祝，製成花環頭飾配戴，洛神葵是矮灌木具有韌性的特色，在編織花環時成為主體，再搭配其他花材與綠葉交織編成特色花環，因此卑南族享有「花環民族」的美名。

阿美族會使用洛神葵製作原民特色餐點，並用作擺盤設計，襯托出華麗鮮艷視覺。金峰鄉的排灣族因地利之便，發展於食用的果醬、果汁、果凍、茶包、冰品、蜜餞果乾、果酒、調味酒等多樣化的選擇。而當埔里的泰雅族及布農族的甜菊梅，遇上卑南族的洛神花，變成原民非常特色的「洛神乾梅」，風味特別也養生。

新鮮的洛神葵通常做成洛神蜜餞或洛神乾。將新鮮的洛神花浸泡在糖水中，製成洛神葵糖蜜，可用於沙拉、沖泡等。乾燥的洛神若搭配酸梅、烏梅、甘草及陳皮同煮當茶喝，是很養生的保健飲品。

花蓮食品科技延伸洛神葵的運用範圍，以前屬於中藥材，近十年發展成高經濟作物。洛神乾一年四季皆可買到，相較新鮮洛神更有濃郁香氣，屬鹼性食物含維他命C可抗氧化，並改善血液循環，加強末梢神經的傳導作用。喜愛吃油炸食物者，也可搭配來改善肝火旺盛的體質。但體虛氣弱者不宜多吃。

食養百寶箱

洛神葵

【品種來源】

玫瑰茄學名：Hibiscus Sabdariffa又稱洛神花、洛神葵、洛神果、山茄、洛濟葵，是錦葵科木槿屬一年生草本植物或多年生灌木，生長於熱帶和亞熱帶地區。

【性味歸經】

酸；涼 腎經。

【功效】

主治消暑、清熱、解疲勞、健胃消食、活血補血、降血壓、解酒。

【注意禁忌】

脾胃虛寒者，或月經來臨時宜避免。

【現代藥理】

- 含有豐富的維生素C、β-胡蘿蔔素、維他命B1、B2等，不但可以促進新陳代謝、緩解身體疲倦、開胃消滯、振奮精神、清涼降火、生津止渴、利尿的功效，對治療心臟病、高血壓、調節血脂，降低血液濃度等更是達到一定的效果。
- 洛神花中的抗氧化成分，有降血脂、抑制低密度脂蛋白氧化、抑制血小板凝集、降低血栓形成的功效。
- 洛神花裡的總多酚類物質可降低肝臟的氧化傷害、減少發炎與細胞壞死對肝臟造成的損傷，有助降低肝功能指數，有護肝效果。
- 受測者每天喝兩百西西洛神花熱飲，連續六個月後皮膚保水性與紅潤度都提高。

果肉美味樹材可興造

麵包樹一身是寶

麵包果又名巴吉魯，阿美族稱 Pacilo；味道有瓜果的香甜而不膩，成熟時果皮呈黃綠色，果肉疏鬆味甜。麵包樹是阿美族的族樹，果實可吃、樹材可製作器皿。蘭嶼的達悟族種植麵包樹 (chipogo)，是為造船及建造，通常不食麵包果，因此麵包樹一身是寶並且與原民生活密不可分。

麵包樹是在清朝時，阿美族的祖先引進台灣，當時地位尊貴的頭目才能得到種子，所以庭院有麵包樹的家庭，是身分地位的表徵，現在則幾乎人人家中都有麵包樹。原產於太平洋沿岸馬來群島的麵包果，生長在平地低海拔地帶，在台灣多種植於花東、蘭嶼地區，七到八月盛產期，經常可見麵包樹上果實纍纍，結滿黃金色澤又圓熟的麵包果。

阿美族祭典豐年節恰巧在七、八月，麵包果就成為節慶料理的要角；果肉與小魚或排骨煮成「麵包果湯」，湯品美味香醇。把麵包果剁成小塊和冷水一起熬煮，果肉變軟後可以加入砂糖變成甜湯。或將果肉撕成小塊，川燙後浸泡冰水，加入煮熟剝絲的雞胸肉、火腿絲，小黃瓜、胡蘿蔔……調味涼拌，就是夏季清爽的涼拌菜。

果核可食用，像吃瓜子一般的鬆脆風味，是原民孩童的零食，也是原民有趣的家庭回憶。果皮的表面密佈肉刺狀，熟果大約有鳳梨大小，外形橢圓像小型的菠羅蜜，所以很容易就讓大家產生錯覺，許多人誤以為麵包果就是菠蘿蜜。

對阿美族來說麵包樹與生活關係密切；除了果肉及果核可食，麵包果樹幹材質輕軟耐浸泡，適合製作成生活器皿、搗米臼器具及食器蒸籠，烹煮出來的食物特別的香。葉子可以蒸年糕，葉子川燙過可以包覆點心或粿粄糕餅的鋪底。葉片也可當作扇子搧涼，乾葉挖兩個洞就是孩童手作面具，非常有趣。達悟族則使用麵包樹作為造船、拼板舟…等使用的樹材，或是建設家園住屋的材料。

麵包果要先削皮才可食用，處理的方式相當「厚工」，因為果實富含黏稠汁液，必須先在刀面上抹油、戴上手套，每次削皮都要泡水，直到削好，以免果實流出的汁液黏在刀和手上。切削完成的麵包果，要在清水中浸泡以袪除黏液，再後續分切處理及保存。

食養百寶箱

麵包果

【品種來源】

麵包樹學名：Artocarpus altilis 又稱麵包果、羅蜜樹、馬檳榔、麵磅樹，屬桑科桂木屬。原產於馬來半島以及波里尼亞，如今因人類傳播而分布玻里尼西亞，印度南部，加勒比地區等熱帶地區。果實可食用，外型類似麵包，因此而得名，樹長可達 2 公尺以上。果實澱粉含量非常豐富，食用前通常以烘烤或蒸，炸等方法料理，烹煮後味道與麵包和馬鈴薯相似。

【性味歸經】

涼 甘。

【功效】

清熱除火，化痰止咳潤肺。

【主治】

滋養補虛、生津解渴、助消化解酒。

【文獻別錄】

《本草綱目》記「果肉止渴、解煩、醒酒、益氣、令人悦澤。種仁補中益氣，令人不飢輕健。」

【注意禁忌】

糖尿病患者不宜多吃（澱粉含量高）。

【現代藥理】

富含澱粉、鈣、磷、維生素 A、維生素 B、食用纖維素等豐富的營養成分。

新船滿載祈禱豐收

小芋頭 cinavu 吉納福

小芋頭又名麵芋，相較一般芋頭硬也比較 Q，外型小、口感綿甜香糯，是一種鹼性食物。台灣原民排灣族、魯凱族和卑南族在重要喜慶或是貴客臨門時，會端出如粽子一般的「吉拿富」，裡面重要的食材就是小芋頭，是原民的主食之一。

原民各族廣泛食用的小芋頭，方式各異，除了新鮮食用外，排灣族會烘烤變成芋頭乾，再臼搗磨成芋頭粉，可儲存更久，料理變化更多。除了是原民傳統便當「吉拿富」的主要材料，也可以用來煮芋頭湯，乾燥後輕巧的芋頭乾，更是獵人外出狩獵時的充飢乾糧。阿美族在小芋頭產季時，會將小芋頭直接蒸熟做成芋頭飯、芋頭糕，梗莖和嫩葉部分可以煮湯，成為八部菜的食材。

小芋頭在蘭嶼的達悟族有著不一樣的意義與地位；新造大船舉行下水祭典時，會用一些食材尤其是小芋頭塞滿整艘船，象徵部落大豐收滿載而歸，以及族人合作團結，「芋」意更顯深厚。達悟族也會將小芋頭乾燥之後再水煮，製成糕餅如同阿美族的麻糬糕，在食用方式上更多巧思。

種植方式不同影響外型大小；在台灣各地都有種植的小芋頭也是山芋頭，春天種植秋末開始收成，不需噴藥或施肥，在部落旱地種的外型較小，而平地計畫性栽種的芋頭外型較大，例如花蓮吉安鄉。麵芋原產於中國、印度、馬來西亞等熱帶地區，是天南星科植物多年生草本芋的地下塊莖。早在漢人來台前，原住民就有種植，可以說是比番薯更本土的食物。

小芋頭本身營養價值高，塊莖中的澱粉含量達七成，既可以當糧食、又能充當蔬菜，料理上鹹甜皆宜。膳食纖維、礦物質鉀比白米主食豐富許多，屬於全穀根莖類食物，又稱裡芋、香芋、芋艿、毛芋、山芋。小芋頭直接蒸食就能品嘗到清甜芋香的美好滋味。

芋頭是老幼皆宜的滋補品。富含蛋白質、鈣、磷、鐵、鉀、鎂、鈉、胡蘿卜素、煙酸、維生素 C、維生素 B1、維生素 B2、皂角甙等多種成分，可以幫助代謝身體多餘的鈉，故對於高血壓的民眾來說，可穩定血壓，但對有腎病的人或過敏體質就必須限量攝取。

食養百寶箱

小芋頭

【品種來源】

芋（學名：Colocasia esculenta）或芋艿，俗稱「芋頭」，為天南星科紫芋屬植物，其球狀地下莖（塊莖）可食用亦可入藥，在大洋洲諸島是玻里尼西亞人傳統主要糧食；全年皆有產。

【性味歸經】

甘辛，平，有小毒 腸胃經

【功效】

健脾補虛；散結解毒。
主脾胃虛弱；納少乏力；消渴；腹中癖塊；便秘、腫毒；芋葉具止瀉、斂汗、消腫毒的作用，可用於治泄瀉、自汗、盜汗、癰疽腫毒等；芋梗，搗爛敷患處，可用來治療筋骨痛、無名腫毒、蛇蟲傷等。

【文獻別錄】

《名醫別錄》主寬腸胃，充肌膚，滑中。
《唐本草》蒸煮、冷啖。療熱、止渴。
《本草拾遺》吞之開胃，通腸閉
《滇南本草》治中氣不足，久服補肝腎，添精益髓。
《隨息居飲食譜》：搗塗癰瘍初起，丸服散瘰癧。

【注意禁忌】

- 陶弘景：生則有毒，莶不可食。
- 過敏性疾病的患者宜注意，過敏性鼻炎，蕁麻疹，濕疹，氣喘的患者須注意過敏問題。
- 生食芋頭，其黏液會刺激咽喉導致不適。

【現代藥理】

芋頭含有醣類、膳食纖維、維他命 C、維他命 B 群、鉀、鈣、鋅等，常吃能增強人體的免疫功能 。由於芋頭的澱粉顆粒小，僅為馬鈴薯澱粉的 1/10，容易消化吸收。

風味美食器皿與伴奏樂器

原漢文化橋樑桂竹筍

桂竹筍種植於中高海拔，與山上民族有關，是泰雅、鄒族及拉阿魯哇族的家常料理，像是脆竹、醃筍等佳餚。桂竹筍外型相較花東的箭筍大，取得的筍肉較多。原民擅長種植桂竹筍，起初不知如何處理，後來與漢族交流後，種植與技術聯合延長桂竹筍的保存，成為原漢文化融合的最佳產物。

與桂竹筍相關的箭筍則是中低海拔的植物，在花東縱谷二側的山坡地，及盆地的邊緣，每年 3-5 月會長出細嫩的箭筍，是熊貓最愛的食物，外型較桂竹筍細如手指一般，阿美族通常搭配醃肉一起料理，每每是餐桌上最珍貴的佳餚，因為僅三個月產期幾乎餐餐食用。此外可作圍籬及家裡的擺飾。知名的「阿美三鳳」是豐年節的迎賓舞，姑娘跳舞手執箭筍當作樂器，別具特色。

不少漢人遠渡台灣海峽到寶島，與住在山緣的原民接觸或通婚，讓桂竹筍的吃法更加豐富，算是最早食品加工方式；將採收的桂竹筍清洗切片後放入鍋中烹煮，撈起後靠陽光將筍片曬乾，讓吃不完的桂竹筍保存不浪費，不受限於產季，可以一年四季品嘗料理。

桂竹筍可做成竹筒飯，泰雅族會選用生長滿兩年的桂竹，作為竹筒飯的容器，因為竹筒外型漂亮，竹膜天然的保護有益身體，也最適合蒸煮米飯不沾粘。生長一年的桂竹，竹節長度較短硬度不夠，若選用超過三年的竹筒，則竹身太老易裂竹膜易破！

竹筒飯的作法有二；一是竹筒兩端都被切開，底部下方用月桃葉或芋頭葉包覆綁緊成為底座，再裝入糯米、山豬肉、芋頭塊等食材，再用比較粗的竹子蓋住洞口後綁緊。另一種是選用比較細長的竹筒，屬於經典且常見的做法，口味通常是素食，例如：小米加糯米、紅豆加糯米及純紅糯米的竹筒飯。或是原民同胞狩獵回家想肉食，就選擇將竹筒飯放入肉餡，讓竹飯香中還帶有肉香。

原民竹竿舞也令人津津樂道，曼妙起舞的同時舞者擺動的竹竿，也是桂竹喔。目前竹竿舞已列入原民文化傳承項目之一，學生能學習傳統的舞步，也可以融合創意於竹竿舞中，賦予新的意義。傳統碰撞現代，讓竹竿舞既使沒有其他樂器伴奏，一樣能給人耳目一新的感覺。

食養百寶箱

桂竹筍

【性味歸經】

甘、寒、肺胃經。

【功效】

清熱消痰。

【主治】

頭風、頭痛、眩暈、驚癇、小兒驚風、食欲不振、胃口不開、痰熱壅肺，脘痞胸悶、大便秘結、痰涎壅 、形體肥胖痰溼體質。

【文獻別錄】

《綱目拾遺》利九竅、通血脈、化痰涎、消食脹」。

《食物本草》汪穎：消痰。除熱狂，壯熱頭痛，頭風，並妊婦頭旋顛仆，驚悸，溫疫，迷悶，小兒驚癇，天吊。

【注意禁忌】

- 竹筍含有人體不適用的成分，為草酸鹽。患有泌尿系統結石的患者不宜多吃。為了減少草酸鹽對人體的影響，食用時一般將筍在開水中煮 5-10 分鐘，經高溫來分解去掉大部分草酸鹽和澀味
- 竹筍乃寒性食品，含較多的粗纖維，易使胃腸震動加快，對胃腸潰瘍、胃出血患者不適合。

【現代藥理】

- 筍中含有豐富的植物蛋白和膳食纖維、胡蘿蔔素、維生素 B、維生素 C、維生素 E 及鈣、磷、鐵等人體必需的營養成分。
- 竹筍的熱量低，脂肪和澱粉含量少。
- 豐富纖維：幫助減肥，因為它有助於抑制飢餓感。高纖維成分還幫助消化，治療便秘。
- 竹筍的鉀含量很豐富。鉀是一種穩定血壓的礦物質。

原民餐桌最常見的養生野菜
健胃整腸黃秋葵

秋葵汆燙後口感清脆帶有黏液，果肉柔軟有些微生青與苦味，是顧腸胃的養生食物。若問原民生活中哪種野菜最家常？黃秋葵肯定榜上有名！秋葵切開後剖面像綠色星星，果實呈長條狀。阿美族通常燙熟後直接吃、煮成秋葵湯或是烹調成什錦湯等，都是餐餐經常食用的菜餚。

台灣多半是食用花朵艷黃、豆莢淡綠的黃秋葵，另外還有嫩莢為紅色的紅秋葵。根據記載，台灣早在光復前便引進零星栽培，在原鄉幾乎家家戶戶都種秋葵，只要土壤不太過貧瘠都可生長。果實長近 10 公分就可以採收。

黃秋葵為錦葵科麝香槿，又名黃葵、食香槿、秋葵、黃蜀葵、假三念、美國豆、羊角豆、阿華田；屬一年生植物，原產於暖熱的非洲東北部、埃及以及中美洲加勒比海一帶，在歐美、非洲、中東、印度、斯里蘭卡、菲律賓、馬來西亞及東南亞熱帶地區栽培很盛，近年在日本成為熱門蔬菜，台灣地區也逐漸被人注意及栽種食用。

在許多原民童年記憶中，奶奶常「逼」小孩多吃秋葵！因為長輩都知道秋葵黏液健胃整腸。產季又橫跨春、夏、秋三季，甚至不太冷的冬季也能採收，除了餐桌上常見，汆燙秋葵的水放涼、不加調味就當水喝，充滿養生的智慧。料理手法從涼拌、汆燙、煮湯、熱炒…甚至煮水放涼當水喝，各有巧妙。而阿美族的什錦湯別具特色，料理時依序加入瓜果類如南瓜地瓜，再入根莖類、豆類、秋葵及葉菜類，整鍋湯頭煮後甘甜，是養生與結合時令的健康蔬食。

秋葵的黏液大有學問，含有大量的水溶性膳食纖維，黏黏的汁液中具有水溶性纖維果膠、半乳聚糖，以及阿拉伯樹膠，能夠幫助消化，對於血壓的控制也有效果。秋葵還是高鈣蔬菜喔，每 100 公克中鈣含量有 80 至 100 毫克，比起牛奶毫不遜色，對於蔬食者是非常好的鈣質來源。

過去原鄉料理秋葵的手法是簡單吃原味，後來變化漸漸加入各式蔬菜、肉料火炒，增加料理的多樣化。現在更開發出「秋葵咖啡」一新耳目，把秋葵籽烘焙乾燥，香醇口感和咖啡相似，高鈣卻不含咖啡因，不擔心喝了心悸會睡不著，反而秋葵還有助眠的效果。

食養百寶箱
黃秋葵

【品種來源】
秋葵學名：Abelmoschus esculentus 亦稱黃秋葵、咖啡黃葵，其果實常被稱為羊角豆、潺茄。性喜溫暖，原產地為非洲西部、今衣索比亞附近以及亞洲熱帶。

【性味歸經】
淡；寒。
腎，膀胱經。

【功效】
利咽；通淋；下乳；調經。

【主治】
主咽喉腫痛；小便淋澀；產後乳汁稀少；
月經不調（月經延遲者，體質偏熱）。

【文獻別錄】
《台灣藥用植物誌》果實治喉痛，淋病，小便困難。

【注意禁忌】
寒性體質者，比如脾胃虛寒、有慢性腹瀉的人，以及宮寒的女性，都不宜吃得太多。

【現代藥理】
- 秋葵之營養成分含有蛋白質、脂肪、碳水化合物及豐富的維他命 A 和 B 群、鈣、磷、鐵等。
- 秋葵的功能：可消除疲勞、迅速恢復體力。具有高纖維、低脂肪、低熱量、無膽固醇等優點。黏液裡的果膠可以減少人體對其它食物脂肪和膽固醇的吸收，它的這種特性令其比較適合糖尿病、高血壓、高血脂患者食用。
- 每 100g 秋葵含膳食纖維 4.4g 使得其能有效的促進消化和腸道蠕動。

紅寶石般酸甜香果實

青春艷色紅肉李

說到「紅肉李」酸甜微澀的滋味，忍不住腮邊泛酸，帶有果粉的紅肉李，就像紅寶石般艷色豐美，是台灣的原生水果。原民部落也稱大力果，因為紅肉李釀酒酸甜味厚，鮮紅色帶胭脂或酒紅色，喝了歡樂暢快。自古李子酒是養顏美容的「駐色酒」，原民也用來保健，少男少女戀愛時喜歡談笑淺酌，堪稱部落青春無敵的紅寶石佳果。

台灣是水果的寶庫，有平原水果、中低海拔溫帶的果實類水果，及依著山原部落種植的水果，紅肉李屬於山原部落的酒紅色果實；像李子、梅子、紅肉李、黃肉李等，盛產時親戚間走訪餽贈，陳釀窖藏的聚會暢飲，製成果醬及蜜餞分享，紅肉李像是部落間的紅寶石項鍊，串聯大家的情感。

中央山脈縱谷兩側，賽夏族、泰雅族、賽德克族、桃源那瑪夏的卡那卡那富族，及屏東霧台阿禮部落等都屬山原部族，普遍栽植與食用紅肉李。盛產時鮮食之外，自釀紅肉李酒是親朋之間重要的私房酒；客人到部落玩，吃飽飯舀一碗小米酒，一聲呼乾啦，是好客的原民待客之道，若從小甕舀出一碗紅肉李酒給你，表示你就是他的兄弟、好朋友囉！

紅肉李含有高抗氧化的花青素最珍貴，連皮食用最好，果實顏色愈深鐵質含量愈高，輕微貧血可多吃補血。原民部落賽夏族的農耕技術最優異，相傳是矮黑人的傳授，賽夏族的釀造酒技術，也是媽媽姆姆之間代代相傳的不傳之秘。

紅肉李在淺坡山緣世居的客家庄也常見栽種，泰安、南庄一帶的黃色李、紅肉李頗負盛名。紅肉李可清熱生津、利水健胃，還可以加快腸道蠕動，促進代謝，也具有止咳祛痰的作用。媽媽都知道，食慾不振水腫、全身乏力倦怠時，吃兩三顆紅肉李，清肝滌熱，生津利水，不多久就恢復胃口了。

紅肉李除鮮食外，果醬製成甜點的雙人舞，曼妙清新，酸香滋味嚐起來有如少女腮邊酒窩，非常高雅。紅肉李製成酒、醋、蜜餞、果醬的美味眾所周知，若是入菜，紅肉李醬與少許馬告非常契合，提味點韻的奧妙，不管是沙拉伴菜，還是燉煮慢煨，都讓食蔬肉品轉成甘潤酸甜辛香滋味；若以果醬加入微量蕗蕎，變成辛香微嗆又甘甜的層次，清濕熱止消渴的開胃效果，口感和效果同樣令人驚艷。

食養百寶箱

紅肉李

【品種來源】

李子，別名蘋果仔，是櫻桃屬李亞屬中的幾種核果果樹及其果實的名稱，通常指中國李，桃樹和李樹，即「桃李」，是學生的代稱。

【性味歸經】

味甘酸、性平。肝；脾；腎經

【功效】

清肝滌熱，生津，利水。

【主治】

適合於治療骨蒸癆熱、肝膽濕熱、口渴咽乾、大腹水腫、小便不利。
肝膽溼熱：黃疸，脅脹痛，飲食衰少，口苦、惡聞葷腥，身困乏力。

【文獻別錄】

《泉州本草》清濕熱，解邪毒，利小便，止消渴。治肝病腹水，骨蒸勞熱，消渴引飲等證。
《本草求真》《素問》言李味屬肝，故治多在於肝，正思邈所謂肝病宜李之意也。中有痼熱不調，骨節間有癆熱不治，得此酸苦性入，則熱得酸則斂，得苦則降，而能使熱悉去也。

【注意禁忌】

李子含高量果酸會刺激胃酸分泌，建議胃食道逆流、胃酸分泌過多的人最好少吃。糖尿病，腎功能不佳患者宜注意。

【現代藥理】

- 李果含豐富醣類、維他命 B、C、鈣、鈉、鉀等，而紅肉李富含的花青素及纖維質；花青素是很好的抗氧化劑。
- 李子的顏色愈深，鐵質含量愈高，有輕微貧血的人，可多吃李子補血。

原民復興發展香蕉絲工藝

忘憂草山蕉香甜

山蕉是生長在250公尺山上的香蕉，因為高山特殊的氣候與土壤環境，山蕉比香蕉多了Q彈口感，兩者營養成分幾乎相同，現今山蕉種植於南投山區最多。山蕉與原民生活密切；山蕉是香甜美味的水果，葉子可以當作擺盤、製作裝盛食物的器皿及包裹香蕉飯，而美麗的香蕉絲可製作生活用品與樂器。

台灣是香蕉王國，香蕉產量多品質好，是內外銷市場的重要水果。若香蕉採收後就砍掉香蕉樹實屬可惜，原民的智慧讓香蕉樹再運用；花東縱谷海岸線的葛瑪蘭族磯崎部落，將香蕉莖曬乾抽捲成美麗的香蕉絲，製作實用的生活用品如杯墊、餐墊及文具等，也應用於穿戴如小包、背包裝飾品，現今更提升成家庭精品的設計，如門簾及有質感的擺飾藝術品。

香蕉絲製品從香蕉樹砍伐後，到香蕉絲的材料完成，其中工序非常繁複，因此傳統手工藝及設計更顯珍貴，近年葛瑪蘭族也積極發揚這項傳統藝術。除此之外，部落食用山蕉的方式也屬特別；將六分熟的山蕉直接連皮蒸熟，類似蒸地瓜的方式，口味鮮甜但仍有生澀味，保留香蕉養生的效果。

泰雅族、太魯閣族的香蕉飯，是用半生熟的香蕉肉與糯米飯同煮成香蕉飯，再用香蕉葉包起蒸食，或加入肉末一起包裹蒸食成葷的香蕉飯，也會加入小米或紅藜變化口味，形成風味獨特的香蕉飯，是部落慶典的特色食物之一。

香蕉是巨大的草本植物，種類有數十多種。山蕉在中醫歸類為涼性食材，具有清熱、潤腸、潤肺等作用。但在中醫食材調理上，體質太寒者、腎功能不佳者不建議食用。山蕉的高鉀有穩定血壓的作用，豐富的果膠可以控制血糖及輔助體重的維持。富含的蕉皮素，能抑制黴菌及細菌的增生。對現代人最大的貢獻是含豐富的生物鹼、色胺酸、維生素B6……等的營養素，都是可抗憂鬱及減壓的最大安定神經來源。故人的笑語：『失戀就要吃香蕉解憂。』可是有此根據的。

除了台灣的原民各族對於香蕉的喜愛之外，更多的南島民族也對香蕉有著更多的熱情，也普及的應用於生活及民食文化上。

食養百寶箱

山蕉

【品種來源】

山蕉是巨大的草本植物。在日治時期大量栽種並出口，台灣一度有香蕉王國稱號。海拔250公尺的高度，就是山蕉與香蕉的分水嶺，低於此高度便是平時所吃的香蕉，反之便統稱「山蕉」。

【性味歸經】

甘、寒。肺脾經。

【功效】

清熱解毒、潤腸、潤肺。外用適量，鮮品搗爛敷或搗汁搽患處。治痔及便後血：香蕉二個不去皮，燉熟，連皮食之。(《嶺南采藥錄》)

【主治】

熱病煩渴；肺燥咳嗽；便秘；痔瘡出血。

【文獻別錄】

《日用本草》生食破血，合金瘡，解酒毒；幹者解肌熱煩渴。
《綱目》除小兒客熱。
《本草求原》止渴潤肺解酒，清脾滑腸。

【現代藥理】

- 香蕉中含有豐厚的鉀離子，吃香蕉可保持體內的鈉鉀平衡和酸鹼平衡，使神經肌肉維持正常、心肌壓縮協調，高血壓及心腦血管疾病的患者有益。
- 改善皮膚瘙癢症：香蕉皮中含有蕉皮素，它可以抑制細菌和真菌滋生。實驗證明，由香蕉皮治療因真菌或是細菌所引起的皮膚瘙癢，效果很好。
- 解酒：香蕉皮煮水飲用，可以清利頭目。
- 改善咳嗽：肺熱咳嗽用香蕉和冰糖燉服。每日數次，連服數日。

黑色翅膀牽引雅美人浪漫情懷

蘭嶼達悟飛魚三季

飛魚是蘭嶼達悟族雅美人的重要食物，飛魚種類多肉質Q彈，因特有的文化，吃魚區分女人、男人分別食用不同魚類，以肉質粗細與腥味程度不一作為區分。台灣一年有四季？對達悟原民來說，曆法只有三季且和飛魚相關；分別是飛魚沒來時、飛魚來了及飛魚走了的時候；原民作家夏曼．藍波安說。

蘭嶼「飛魚季」有各式大小慶典儀式，為祈求飛魚豐收有「飛魚招魚祭 (MIVANWA)」，「飛魚收藏祭」表示祭典後飛魚的魚汛期已經結束，不可再捕捉飛魚，捕獲的飛魚準備曬乾儲存，以備冬季使用。「飛魚終食祭」則為在中秋節過後，達悟人就禁止再食用飛魚，並且將未食用完的丟棄。

魚和原民文化尤其是海洋民族鏈結極深，除蘭嶼達悟族之外，花東縱谷從花蓮七星潭，到台東成功、三仙台都有補捉和食用。對阿美族來說，捕獲飛魚當然可喜，但更想捕撈更大尾多肉的鬼頭刀，在文化意涵上就有所區隔。飛魚是一種有滑翔能力的魚類，在動物分類學上屬飛魚科。富含蛋白質營養價值高且熱量低。會飛的魚看似浪漫，事實上是因為被鬼頭刀追趕，受到驚嚇飛出去，被迫展翅高飛躲避掠食。所以看到鬼頭刀就知道附近有飛魚及其他小魚可捕抓。

達悟族從飛魚的捕捉方式、殺魚、曬乾、料理手法……都和海洋民族明顯不同；使用林投樹氣根抽取出纖維，綁住飛魚掛在架上於日光下曝曬。一眼望去，曬飛魚也形成美不勝收的豐收景致。而阿美族料理的特色是煮湯，因此捕獲的飛魚煮成魚湯，並且當季就分享食用，所以沒有曬乾存糧的習慣。

天性浪漫的達悟族女子期待遠行捕魚的丈夫豐收、平安歸來，就會唱著優美又詩意的「甩髮歌」，也是海洋民族的情歌；浪漫的音樂隨波浪起伏，女子等待丈夫補回很多魚，同時擔心海浪太大是否會受到傷害，興奮期待又怕受傷害的心情，與美麗的晚霞相互映照著。

達悟族在飛魚還沒來時播種耕作，或將農業製品輸出，飛魚正來了的時候就去進行補獵，飛魚走了的時候則是農作收成之時。在達悟捕魚的獨木舟及原民飛躍生動的圖騰，讓人更了解飛魚對雅美人的深刻意義，增添文化價值。

食養百寶箱

飛魚

【品種來源】

飛魚在動物分類學上為飛魚科，是一類具有滑翔能力的魚類。暖水性上層魚類，喜歡群集洄游，以浮游生物為食。通常生活於海面表層。繁殖期間，會集中於海面的浮藻類或任何漂浮物產卵。

飛魚受驚時會躍出水面，胸鰭張開，並可以在空中滑翔一段時間。這種飛行是為了躲避天敵的捕食。由於飛魚是群居性的魚類，因此通常牠們是一群躍出水面。

【性味歸經】

味甘；酸；性溫；脾；胃經。

【功效】

止痛；解毒消腫。

【主治】

胃痛；血痢腹痛；疝痛；乳瘡；痔瘡。

【文獻別錄】

《本草綱目》：已狂已痔。

【現代藥理】

- 飛魚脂肪含量低，一百公克的飛魚總熱量才 96 大卡，是現代人節食最好的食物，由飛魚製成的魚乾也因為含脂率低而可以保存很久。
- 飛魚是一種營養價值很高的食物，日本醫學證實其可預防心臟病和老化，且能減緩筋無力症、關節炎。
- 飛魚肉含有豐富的硒，是性能優越的抗氧化物。硒能中和某些致癌物質，軟化心肌血管等組織，也對男性攝護腺有所助益，並舒解某些女性更年期症狀，缺乏硒的人看起來會比實際年齡蒼老。

原民料理或跨界思維各有趣味

火龍果花滋養保健

火龍果結果之前是「火龍果花」，與紅、白肉火龍果的味道完全不一樣。有著類似秋葵的黏液，新鮮採摘後有植物的草腥味，曬乾後多了日曬的香氣味道濃郁。火龍果花是阿美族餐桌上的養生菜餚，也是其圍牆邊種植的家園植物，但是似乎沒有與台灣原民有特殊的文化連結與意涵。

對於原民來說，火龍果花是料理的常客，含苞待放的鮮花就採摘入菜，盛開之後曬乾擇日再料理，換句話說，根本沒有機會看到火龍果結出果實，因此許多原民朋友兒時記憶只有火龍果花，對白肉、紅肉的火龍果相當不熟悉。

火龍果原產於南非、熱帶美洲的墨西哥等地區，是熱帶沙漠裏的旱生性植物，莖扁柱形。阿美族朋友認為引進台灣的起源，可能是與外邦族群的邦誼交流，像禮物一樣獲贈，或是以物易物交換種子而來，並非台灣原生種植物。愛嚐百草的阿美族運用火龍果花入菜頻繁，但還是有許多族群沒有食用。而現在因為火龍果（花）養生的價值，農業單位推廣使得種植更廣泛。

原民長輩採摘火龍果花入菜，通常會切成四瓣煮成什錦湯，火龍果花湯對小孩可以說是怕怕！因為火龍果花有黏液，較喜肉的小孩對黏液本來就不愛，何況生花還泛著好似植物被捏碎的青澀味，即使長輩都知道湯品飄逸著淡淡曇花香氣養生一級棒，孩子卻是很難領情。盛開的火龍果花若曬乾運用，厚實的乾花口感像竹筍乾，經過陽光的醞釀花香味更濃，可以清炒、紅燒燉肉、煲湯、泡茶飲用都可以。

火龍果從花、果皮、果肉都可以食用，是集水果、花卉、蔬菜、保健、醫藥……等多功能一體的植物，堪稱是為無價之寶。富含多種維生素、花青素，具有抗氧化、抗衰老、軟化血管、保護心腦血管、預防高血壓的功效。由於富含植物蛋白，它能幫助排除體內的重金屬，避免重金屬對人體的危害。

火龍果花多食寒涼，若要養生兼具美味，避免烹煮澀口黏滑，可以辛香料的熱性和香氣平衡，再以黑橄欖化除多餘滑液，番茄增加酸香清甜，整體嚐起來順口美味，盛夏利脾胃，相信可以顛覆對火龍果花既有的印象。

食養百寶箱

火龍果花
火龍果又稱紅龍果、龍珠果

【品種來源】

仙人掌科三角柱屬 Hylocereus 或蛇鞭柱屬 Selenicereus 植物果實，呈現橢圓形，直徑 10~12cm，外觀為紅色或黃色，有綠色圓角三角形的葉狀體，白色、紅色或黃色果肉，具有黑色種子的水果。火龍果乃是因其外表肉質鱗片狀似蛟龍的外鱗而得名。

【性味歸經】

甘平、偏涼，胃大腸經。

【功效】

清火、潤肺止咳 ，養顏明目。

【主治】

咳嗽 ，便秘 ，目赤腫痛，美顏。

【注意禁忌】

- 體質虛冷者不宜吃過多的火龍果和花。
- 女性月經期間不宜食用火龍果和花。
- 對於糖尿病患而言者火龍果實不宜多吃。

【現代藥理】

- 火龍果的枝條和花朵具備的獨特的黏液中，含有大量的藥效顯著的營養性物質和治療性物質。
- 富含植物白蛋白，可以排除體的重金屬。
- 含低聚糖水溶性膳食纖維，增加糞便的濕潤度，有效地防治便祕。
- 改善口腔潰瘍、眼睛乾澀、前列腺炎及皮膚斑點增生等食療作用。
- 鐵質含量高可預防貧血。較新的研究結果顯示，火龍果果實和莖的汁液對抑制腫瘤生長、抑制病毒及其免疫反應等表現，顯示出作用。

原鄉栽種精品可期

咖啡飄香百年

咖啡的苦甘香醇、提神醒腦，是很多人喜愛的飲品。在原民印象中，花蓮馬太鞍、太巴塱部落和舞鶴台地曾看過一、兩公尺高的阿拉比卡咖啡樹株，推算樹齡有可能超過百年。馳名的阿里山鄒族咖啡，在原民部落地區也有追溯到日據時期遺留下來的咖啡樹，經原民青年不斷引種精進製成技術，近來迭獲國內外獎項肯定。

原產於非洲亞熱帶地區、拉丁美洲的咖啡，究竟這「黑金」是怎麼來到台灣？根據史料記載，大約在1881年到1884年間由貿易商德記洋行自海外帶回咖啡種子，播種在現今新北市三峽、板橋地區，大約有100株苗木在台灣嘗試種植。

到了日治時期，日本人發現台灣氣候、土壤適合咖啡栽種，特別在北中南共成立三座園藝試驗廠，試種後發現以阿拉比卡Coffee Arabica的品質最佳，慢慢推廣至中南部再到花蓮瑞穗、台東知本量產，發展具整體性規模，不同地區採收時間各異，從9月到隔年2月都有收成。而戰後日本人撤離台灣，因為不了解烘焙及飲用方式，種植咖啡意願降低致產業漸趨沒落。

近年來原民知識份子返鄉投入農業，高經濟價值的咖啡，成為發展的首選。目前在阿里山鄒族有咖啡王子、花蓮瑞穗有公主咖啡、台東太麻里及屏東吾拉魯滋部落剛剛啟用台灣首座咖啡交易中心，積極發展頂極咖啡，可以預見原民部落種植、烘培、調製、行銷將揮別苦澀，重新譜出咖啡香醇新篇章。

鄒族咖啡專家認為，台灣適合發展精品咖啡，精品咖啡首要是人工採收。因為其部落在收成時屬於農閒期，所以不缺人工採收較有競爭力，其他非部落山區會有缺工、工人不耐環境惡劣及好咖啡的生長環境等，都是造成精品咖啡不穩定的因素。

咖啡除了是生活飲品，也蘊藏保健功效。適量的咖啡因可以提升基礎代謝率，增加胰島素的敏感性。咖啡豆含有豐富的抗氧化多酚物質，可以減少低密度脂膽白膽固醇被氧化的程度，有助於預防心血管疾病，但是也不建議飲用過量。

食養百寶箱

咖啡

【性味歸經】

性溫，味微苦；澀大腸經

【功效】

強心，利尿，興奮，提神醒腦。

【主治】

適合精神萎糜，嗜睡之人食用；適宜宿醉未消者服用。

【文獻別錄】

《食物中藥與便方》：「酒醉不醒：濃咖啡茶頻飲服。慢性支氣管炎，肺氣腫，肺原性心臟病：咖啡豆（炒）每日6～10克，濃煎服。」

【注意禁忌】

- 咖啡因對中樞神經的興奮作用，會加重失眠。
- 兒童和青少年攝取咖啡因會影響睡眠，造成賴床，甚至演變成情緒焦慮，且較易造成咖啡因成癮。
- 有研究顯示，過量攝取咖啡因的孕婦胎兒流產機率可能比遠離咖啡因的孕婦高。
- 咖啡飲用後可致胃酸等消化液增多，加重消化道潰瘍。
- 在服用單胺氧化脢抑制劑（某些精神科，帕金森式症藥物）後，若再飲用咖啡，則容易出現噁心嘔吐、腹痛頭暈等症狀。

【現代藥理】

- 對中樞神經系統的作用：使疲勞減輕，思維敏捷。劑量加大後，中樞興奮作用更加明顯，出現緊張焦慮失眠等。長期服用可產生對咖啡因的耐受性和依賴性。
- 可舒張平滑肌，特別是對氣管平滑肌的舒張（緩解氣喘等等）。
- 咖啡因可增強骨骼肌工作能力。飲用咖啡會增加水和電解質的排泄。長期飲用咖啡可使血漿膽固醇濃度升高。

天然保養品含豐富果膠

台灣高山特產愛玉

愛玉凍加檸檬或糖水，美味的甜品大家都吃過，但您是否知道；它是台灣獨特的環境造就出來的高海拔植物，含豐富的果膠是植物中的第一名，也是非常天然的保養品，不僅可吃還可外敷，有助於身體健康。台灣高山野生的愛玉，就是上天賜予原民的禮物。

對居住在高山的原民來說，愛玉是得天獨厚的氣候環境所賜，阿里山鄒族及高雄桃源那瑪夏鄉所出產的愛玉以品質、口感佳而出名。鄒族友人曾分享家庭生活，與愛玉有關；提到自己的父親以往打獵回部落，就會順道摘些愛玉果回家，母親便開心的將愛玉果曬乾取其籽，方便做成愛玉凍食用，或是遊子出外時攜帶，緩解偶有的思鄉之情。

早期原民不栽種愛玉，而是取自大自然。為了讓更多人能享用，狩獵回來的族人會多帶些愛玉籽分享給其他家庭，愛玉籽逐漸成為高經濟作物。現在除取自野外，也可自種，面對需求，不僅能供給部落族人食用，還可對外販售，協助維持部落發展。

愛玉籽會分批開花，果實陸續成熟，所以採收時亦宜分次採取成熟果實，然後削去外皮，一半切開，使瘦果充分曝露，過去是利用陽光曬乾，但現代則可使用乾燥機烘乾。瘦果在常溫下手工搓洗出果膠後，經常溫靜置後可凝結為愛玉凍。一般人所稱的愛玉，指的是愛玉子製成的膠質食品愛玉凍，大部分都是混糖或蜂蜜一起品嚐，多被視為飲品、甜點。

愛玉的好，原住民最知道！原民長輩曾說到，愛玉籽全身上下都是寶，洗出果膠後的愛玉籽別急著丟，可用來塗抹全身肌膚，半個小時後敷上的果膠就變硬，充分沖洗淋浴完後會發現皮膚滑滑嫩嫩，變得相當緊實，可說是愛美女性的一大福音。除了可以洗成愛玉凍食用，也有業者研發愛玉面膜，讓愛美又多了一項選擇方式。

愛玉富含有水溶性纖維 - 果膠，具有飽足感，做成鹹味的海鮮沙拉小點，也是另類的嚐試與創意。因為愛玉本身鉀含量高，慢性腎病的民眾不適合食用過多，且屬性較寒，若腸胃功能較虛弱，或是有胃食道逆流的症狀，則不建議大量食用。

食養百寶箱

愛玉

連橫於 1921 年著作之《台灣通史 · 農業志》中即有記載愛玉子名稱的來源。

【品種來源】

主要分布於海拔 1200-1900 公尺之中低海拔地區，為台灣特有種藤本植物，常纏繞於岩石或樹木上，雌雄異株，雌果具豐富之果膠及果膠脂酶，可採製加工為愛玉凍。

【性味歸經】

性平、味甘，腎胃大腸經。

【功效】

通乳，利濕，活血，消腫。

【主治】

可解渴生津，消炎行血，利尿，祛風溼筋骨，關節痛，閉經，乳汁不通 等症。

【文獻別錄】

《本草綱目》：固精，消腫，散毒，止血，下乳。治久痢腸痔。

【注意禁忌】

胃寒者少食愛玉冰。

【現代藥理】

- 富含果膠質，這是水溶性的膳食纖維，可增加飽足感，具有吸水性且能促進排便；果膠質還可去除體內過多的油脂，正因如此也有助於降低膽固醇，有效減少動脈粥狀硬化的風險。
- 富含果膠酵素，能促進腸胃蠕動，幫助消化，整腸通便。愛玉超過 9 成是水分， 所以非常適合，需要時時補充水份的夏季來食用。

美味紓解遊子鄉愁

生吃熟食朝天椒

種植在原民部落的小辣椒，就稱朝天椒，果實精緻美麗，顏色鮮豔光潔，做為盆栽佈置陽臺、窗臺、庭院等處種植；果實可食用做調味品，辣椒愈細小，辣味愈強烈，辣椒素甚至可藥用，更有利於美容減肥呢！

又稱「看辣椒」、「五彩辣椒」、「小辣椒」的朝天椒，為多年生草本植物，在溫暖或炎熱的氣候均可全年生長，生長適溫約攝氏 20 至 30 度。朝天椒在原民部落有些人吃飯餐餐必備，更習慣在料理時加上朝天椒提味。

在台灣，許多原民部落都栽種朝天椒，家家戶戶都會有的家園植物，可隨時摘取作為烹飪佳餚或者直接沾鹽食用，是相當常見的原民菜餚佐料。許多嗜辣的部落老人們，當看見朝天椒熟成後，習慣直接摘下生吃，不怕辣的勇氣令人佩服。除了生吃或沾鹽直接食用之外，也會於吃麵食或是水餃時用當沾醬，增加美味。

原民朋友愛吃辣，為了保存更多的朝天椒，選擇大量種植並醃漬將好味道留下，除了自己食用之外，多餘的可以販售分享出去；另現今許多原民年輕遊子在外地打拼，為了抒解他們的思鄉之苦，把朝天椒這家鄉好味道一併帶在身邊，醃製好的朝天椒確實也較為方便攜帶。因愛上朝天椒的好味道，產生出巨大的經濟價值，可能是當初始料未及的。目前許多部落會製作醃製辣椒、乾辣椒、辣椒醬等等加工食品，除可自用、給外地工作的族民，還可販售給外地遊客品嚐。

朝天椒醃漬的方式，原民通常只加鹽及酒製作，在烹飪菜餚時也是非常好的調味品，鮮豔的紅色亦可讓菜餚配色更加美麗，達成色、香、味俱全之效果，給人視覺及味覺的饗宴。雖然原民菜色中，並沒有專門為朝天椒設計的食譜，不過愛吃的人，天天都會吃上一兩勺辣椒醬，可說是「無辣不歡」。

朝天椒可開胃助消化，促進胃液分泌，可使局部血管反射擴張，刺激感覺神經末梢而引起溫熱感，在寒冷之地有祛寒之功效，在悶熱潮濕之地則有去濕及醒脾之效；其辣味成份即使稀釋後仍會感覺得到，吃多了更會火熱冒汗、頭皮發麻，且令人回味無窮、難以忘懷。

食養百寶箱

朝天椒

【性味歸經】

辛、熱。心脾經。

【功效】

溫中散寒，開胃，下氣消食。

【主治】

- 治寒滯腹痛嘔吐，風溼痛，用於胃寒疼痛脹氣，消化不良。
- 外用治風濕痛，腰腿痛。
- 治療腰腿痛：取辣椒末、凡士林（1:1）加適量黃酒調成糊狀。敷貼於患部。在用藥後 30 分鐘內局部發熱，之後有燒灼感，時間不可過久，少數病人發生皮疹和水泡。
- 治療外傷瘀腫：用紅辣椒曬幹研成極細粉末，加入融化的凡士林（1:5）中均勻攪拌，冷卻凝固即成油膏。適用於扭傷、擊傷後引起的皮下瘀腫。

【文獻別錄】

《食物宜忌》溫中下氣，散寒除濕，開郁去痰，消食，殺蟲解毒。治嘔逆，療噎膈，祛腳氣。

【注意禁忌】

陰虛火旺及患咳嗽、目疾者忌服。胃及十二指腸潰瘍，急性胃炎以及痔瘡患者忌用。

【現代藥理】

- 少量內服可作健胃劑，有促進食欲、改善消化的作用。但大劑量口服可產生胃腸炎、腹瀉嘔吐等。
- 辣椒鹼對枯草桿菌等有抑制作用。辣椒煎劑則有殺滅臭蟲的功效。
- 外用作為塗擦劑對皮膚有發赤作用，使皮膚局部血管起反射性擴張，從而促進局部血液循環。
- 對循環系統的作用：刺激舌頭的味覺感受器，反射性地引起血壓上升。

勇者樂於分享的圖騰

萬年蕨類山蘇

山蘇炒豆鼓小魚是很多餐廳的美味料理，山蘇是台灣原民常常食用的野菜，屬於台灣獨特的原生種植物。山蘇跟原住民的生活關係緊密；過去山上的獵人，經歷與山林的動物勇敢地纏鬥後，獲取獵物返回部落前，會在山林間採集山蘇一併帶回。而這珍貴的山蘇，也會在族人的聚會上，加入肉湯烹調成為珍貴的美食，彼此分享著。

阿美族長者曾說，只要山豬跟飛鼠會吃的植物，大致上人都可以吃，蕨類山蘇、過貓與筆筒樹都是山上自然生長的野菜，筆筒樹最嫩的捲曲處，剝去外部的毛可直接生食或煮湯，同時山蘇跟過貓則通常一起烹調煮湯食用，是具代表的原民料理之一。在文化上山蘇有勇敢的獵人勤勞與分享的意涵，也是家祭或聚餐凝聚濃烈情感的療癒美食。

現今山蘇有更多的吃法，除了跟肉湯一起烹調之外，也摘取嫩芽處，炒食、汆燙涼拌、炸食……等方式調理。老葉，曬乾、烘焙過後，還可做成山蘇茶飲用。真是堪稱全方位的食材！

又稱為『鳥巢蕨』的山蘇，因為獨特的外型而得名 – 葉片放射狀的朝上而後往下的散開來，中間的中空地區彷如鳥巢，這天然的鳥巢就能接收自天而降的雨水、並能自然的抖落塵土及落葉，給自己創造一個純淨的生長條件。葉子可長到 90 ~ 100 公分以上，喜愛半日照，耐旱又不愛強光，生命力如台灣這片土地一樣堅韌，不易有病蟲害，只要符合生長要素的環境，都能自在的安身立命。

目前台灣的山蘇，主要有台灣山蘇花、南洋山蘇花及山蘇花；三個品種都是台灣原生物種，其中以食用南洋山蘇花最多。主要經濟栽培區是位於：花蓮的秀林鄉、鳳林鎮、光復鄉，以及屏東的獅子鄉。但因南洋山蘇花是屬於半陰性植物，所有多水的淺山地區都是適合栽種。

在原民部落中，山蘇除了是『勇敢』與『樂於分享』的情感代表之外，也是極具療效的野菜，在野外時獵人們拿來作為化淤、止血用途。山蘇是高鉀植物，雖然可以穩定血壓，但有腎病的民眾切記須小心食用。再者，山蘇是屬於消毒、解熱型植物，在中醫上是屬於偏涼的食材，屬於涼性體質的人，務必要酌量食用。

食養百寶箱

山蘇（鳥巢蕨）

【品種來源】

山蘇是台灣原生種蕨類植物，山蘇花（學名：Asplenium antiquum），簡稱山蘇，又名鳥巢蕨，為鐵角蕨科鐵角蕨屬下的一個種。

【性味歸經】

微苦甘；涼。

【功效】

強筋骨、去淤血活血、
解毒消腫。

【主治】

強筋骨、去淤血活血、
解毒消腫。
消水腫，補血，降血壓。

【文獻別錄】

《原色台灣藥用植物圖鑑》記載，山蘇有強筋骨、去瘀血、活血解毒、消腫功效。

【注意禁忌】

因山蘇鉀含量較高，腎臟病患者宜少吃。

【現代藥理】

粗纖維含量來看，每 100 公克含有 1.2 公克，高於小白菜、高麗菜。礦物質含量如鐵、鋅含量都高於其他蔬菜，鉀含量更是高達 498 毫克，是高鉀蔬菜，高血壓患者可多吃。

山蘇圖片由王嘉勳提供

萌動

春節慶

希望滋長聚和樂

小時候過年吃年夜飯，像準備參加金馬獎頒獎隆重興奮，我承認從小就愛吃！媽媽的年菜御膳感十足，道道吉祥華美又可口：喜相逢、麒麟魚、一帆風順、……，早在寒假前就蠢蠢欲動，掰著小手數日子啦！大掃除的憂鬱都拋諸腦後，直到現在盛裝圍爐的喜悅、品嘗佳餚的香氣、……點點滴滴仍恍如昨日；沒有什麼比一家人團聚，更讓人覺得溫暖幸福了！

。春節 家聚歡慶氛圍的總交集

。婦幼節 溫馨家常感

。元宵 & 情人節 華燈初上先陪家人再邀戀人一美滿。

。復活節 萬物勃發滋長的歡景

和微文青歡樂馬非一起輕鬆煮～親炙家滋味 Rolf 味文青主廚指導～～

7 道節慶饗宴 -- 原民香氣食材 + 跨界料理紀事 + 馬非客賞味分享

東海岸尼斯沙拉

—一夜干菸蕎與馬告的婆娑曼舞—

材料— 2-3 人份

鯖魚一夜干巴掌大
新鮮蕗蕎 6 顆切碎丁
馬告 12 顆略捶碎
牛番茄 1/2 顆切片
酸豆切碎末 1 茶匙
蘿蔓生菜一顆
白煮蛋 2 顆切 8 片或
橫切片

調味料—

橄欖油約 50cc
白酒醋約 40cc
醬油約 1 茶匙
鹽巴適量
義大利香料一小撮

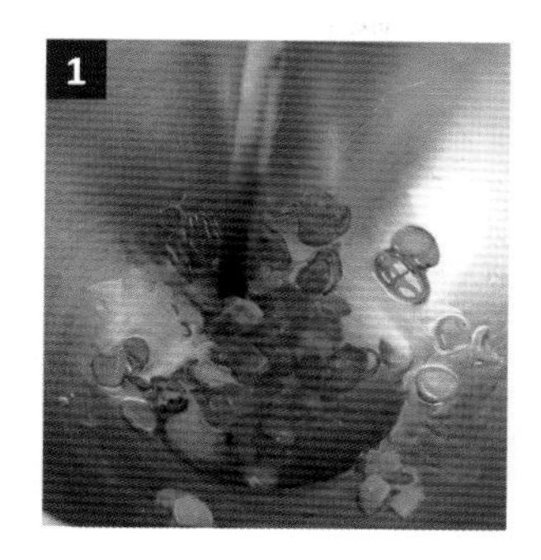

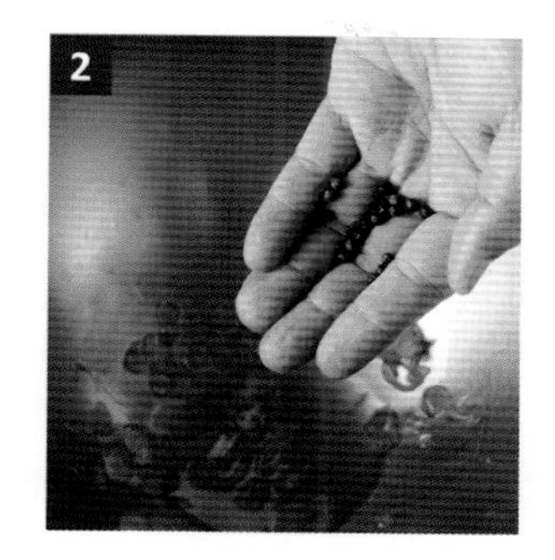

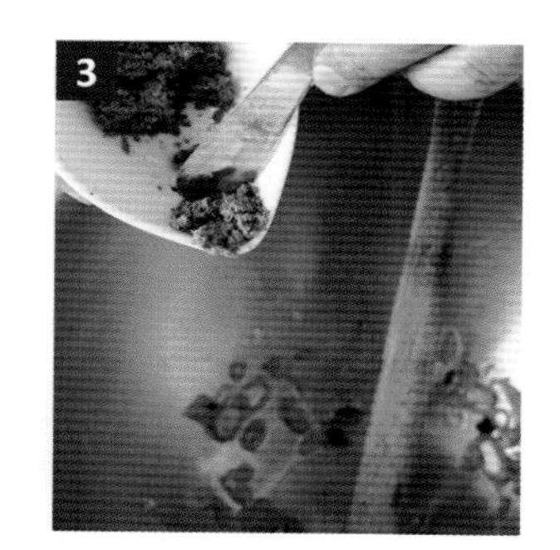

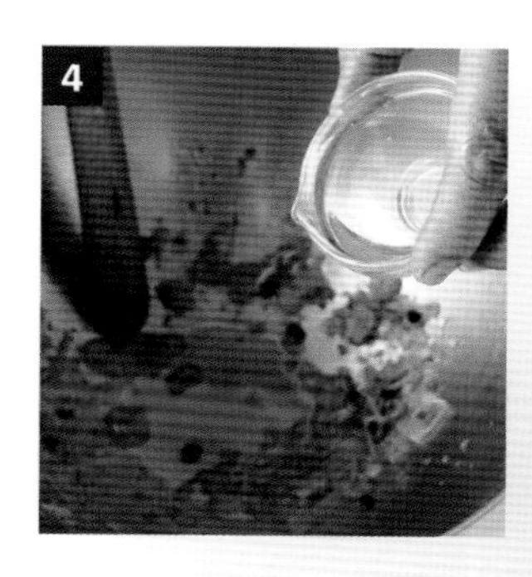

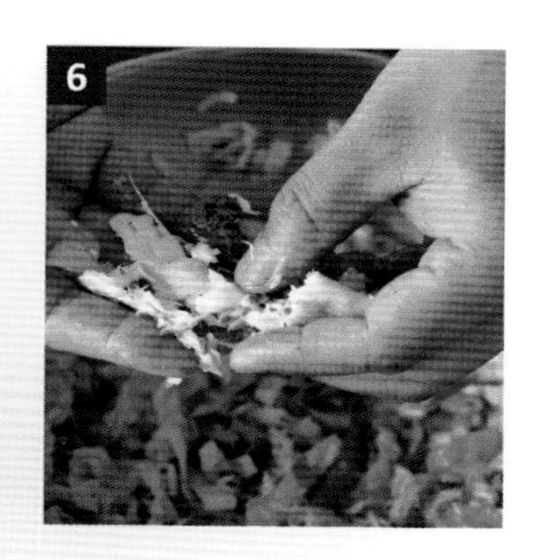

作法—

(料理前準備)熱鍋加少許橄欖油，中小火煎熟一夜干，放涼後將魚肉剁下，魚皮有腥味不用。

1、調沙拉醬汁；依序加入橄欖油、蕗蕎碎末略攪拌，使味道快速融合。

2、馬告略剁碎加入 12 粒。

3、入酸豆碎末，續攪拌均勻；再下鹽少許。

4、加入白酒醋續拌。

5、醬油約 1 茶匙淋下，醬油豆香味與白酒醋、酸豆的酸氣快速調和。同時加入適量義大利香料，一邊嚐味慢慢地下，份量大約小指甲片的量即可。

6、加入蘿蔓生菜葉、拌入剁碎的魚肉(刺挑出)和醬汁充分攪拌均勻最後以白煮蛋、番茄片當配菜、裝飾擺盤也提點鮮蔬味。

東海岸尼斯沙拉

- 以鯖魚一夜干取代飛魚，食材容易取得，料理方便，也解決了飛魚在產季之外，所發生食材缺乏的窘境。
- 蕗蕎不適合使用醃製的蕗蕎，因味道過甜，無法融合醬汁多重平衡的口感。
- 傳統法國尼斯沙拉通常會用口感濃厚的鹹香鯷魚、紅蔥來料理，而油醋汁的比例則各有所好，這道料理用蕗蕎取代紅蔥，用醬油代替鯷魚。
- 時令的蕗蕎辛香氣味及其他的調味料，一邊嚐味慢慢地下不夠再加，以達到和魚肉的濃厚味道，能相互呼應。
- 馬告的辛香氣味獨特，整顆或捶碎、磨細碎末所釋放出的層次不同；這道尼斯沙拉，以馬告替代胡椒的香氣，並保留咀嚼的口感。
- 調醬汁時最後以些許醬油收尾，點韻作用讓醬汁鮮活滑順；釀造醬油的運用，是東方文化的菜系精髓之一，釀造陳年發酵的豆或麥，不論葷素，往往能帶出食材的酯醇香味，關鍵在於精準掌握用量。

Σ 馬非客∞獵食尚

✦ 魚肉沙拉？會不會太腥羶？尤其用飛魚或鯖魚一夜干…等濃重腥氣的醃製海產，如何調理出鮮美的冷菜沙拉？答案揭曉：剛拌好的東海岸尼斯沙拉，一夜干和蕗蕎隨白酒醋帶出酸香味撲鼻而來，隨後的閑淡海味與生蔬完美融合，毫不腥羶。

✦ 前味嘗到魚肉的鮮甜，與酸泛甘的沙拉清脆口感，漸次感覺到，蕗蕎與義大利香料混合的美妙滋味。蕗蕎取代紅蔥，辛香甜嗆的味道柔和，出其不意咬到馬告細碎的顆粒時，迸發的獨特香氣簡直像跳豆般欣喜，具有層次的風味令人迷醉！

✦ 一夜干透過不一樣的酸香層層疊疊地在嘴裡化開，酸豆細膩、番茄酸甜、以及白酒醋溫醇，多重酸結合醬油的醍醐味依序釋出，垂涎不止莫過如此。

✦ 酸味的應用在魚肉涼沙拉料理中是很巧妙的手法，這裡以酸豆的酸帶出魚肉鮮酯的醇厚，使口舌由酸泛甘，屬於底蘊的酸氣；白酒醋負責調和所有醬汁、幾種辛香料的香酸甜味，就像參謀的角色，有守有為地將口味鮮明的魚味與蕗蕎的辛嗆味調和平衡，但又嚐得出食材各自的鮮味。

✦ 做為一道清麗的沙拉前菜；馬非推薦以輕食概念出發，主調在魚肉與辛香氣微妙的平衡，橄欖油更使魚肉甘甜滑嫩，完美結合了生蔬沙拉的爽脆，適合搭配白酒或香檳等氣泡酒類。添加馬告和醬油的寶島風味後，派對時做給老法朋友們品嘗，快美難言的滋味，他們只能豎起大姆指説讚喔 !!

✦ 這道宴會菜可以提前備料，魚肉、醬汁、沙拉葉分別保鮮，鮮拌現吃風味清爽；若是拌好放置幾小時，魚肉和酸香更融合，嘗起來更醇厚甘甜。宴會中細細品味這道層次繁複的尼斯沙拉，在饕客口中，必定屬於秘技級的手法，只要跟著工序試作，其實您也可以化身大廚妙手。

地中海原味梅汁番茄

—老薑邂逅蕗蕎酸甜暖心—

材料— 2-3 人份

牛番茄 2 顆切片
老薑 4 片切末
蕗蕎 3 顆切碎末
梅子醋 80cc(1/2 量米杯)

調味料—

橄欖油適量
義大利香料微量
鹽少許

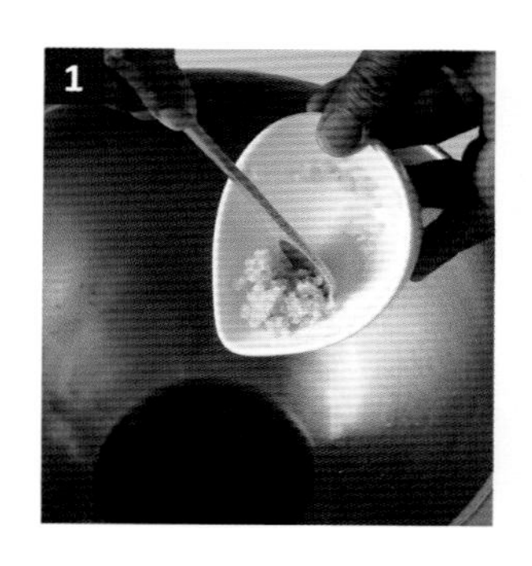

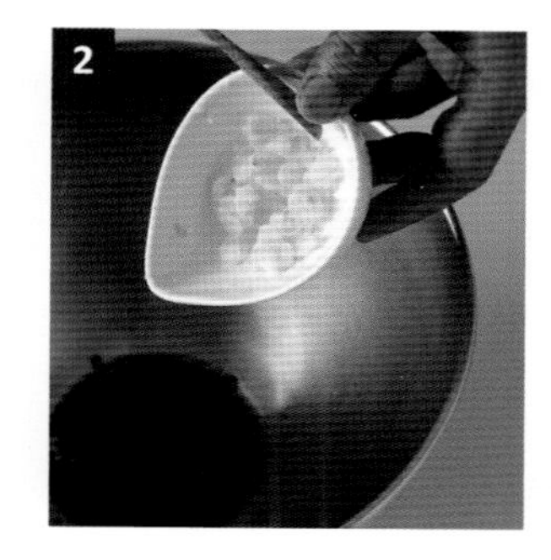

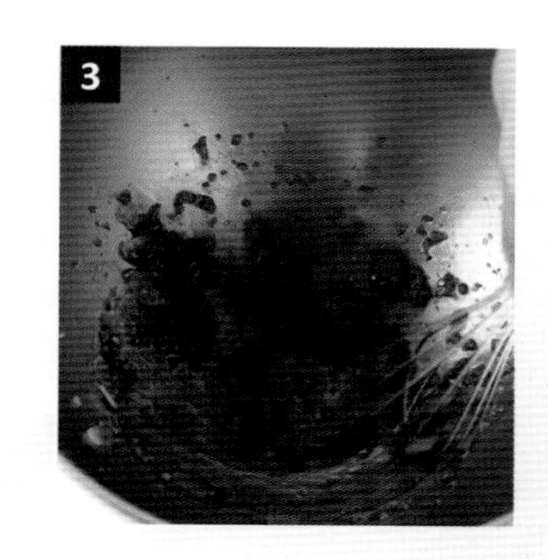

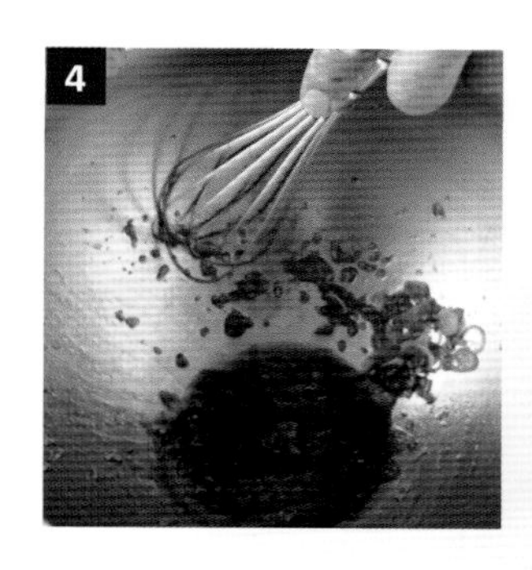

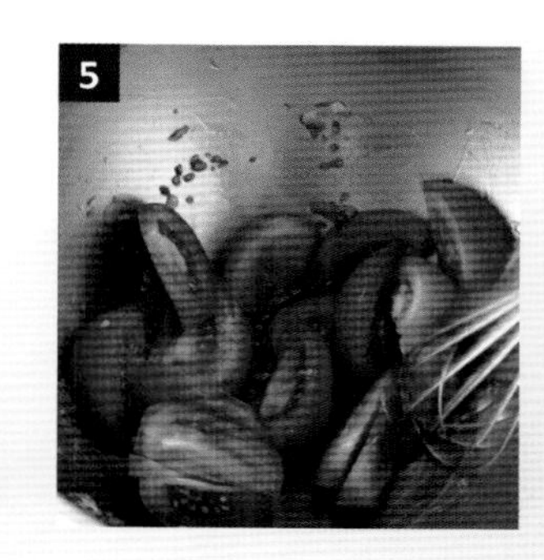

作法—

1、 取沙拉缽碗，先下梅子醋、老薑茸末。

2、 下蕗蕎碎末。

3、 加入少許義大利香料開始調和。

4、 醬汁充分攪拌融合。

5、 放入牛番茄與醬汁均勻攪拌，使番茄完全吸收醬汁。

6、 淋上少許橄欖油增加滑潤口感。略下薄鹽少許。現做鮮食可，放置一天入味，風味更佳。

地中海原味梅汁番茄

- 這道開胃菜現做現吃相當可口，若放置冰箱中隔夜，食材的融合度大大提高，吃起來更鮮甜，因為辛香料和醋需要一點時間融合。
- 微量的鮮榨橄欖油，油脂促成番茄茄紅素釋放，也使辛香鮮蔬的味道更爽口鮮甜，保留了辛香氣味，也嘗到了大地豐美的鮮嫩清甜。
- 梅子醋是台灣常見的食材，冷熱入菜風味皆宜。梅子醋與牛番茄的清甜酸香很和諧，加入老薑暖胃，也降低番茄的酸味。
- 蕗蕎在當令味辛香嗆甜，若在產季後段，甜味稍降，仲春到初夏之交是蕗蕎最好吃的時節；蕗蕎不但是調味聖品，也是入菜的先鋒兵，常常能使菜色帶有鮮明個性，一般客家庄拿來醃製，外省菜也常見醃鮮食用，台菜拿來煸香或入油酥炸當調味品，在部落則與肉類燉煮居多。蕗蕎若用在作開胃菜時，可保持其辛香原味，且與醬汁的融合度高，建議大家不妨嘗試生鮮入菜的滋味。
- 做菜妙招之一，由酸味萃取鮮蔬的清甜，份量掌握得宜，單醣和多醣緩慢釋出，嘗起來的甜味自然舒爽，完全不必借助糖份。而且酸本身有防腐抑菌的功效，夏天食用保鮮安全。

Σ 馬非客∞獵食尚

- ✦ 春意上心頭，派對中來道東西合璧，可以現做現吃的開胃聖品，看似簡單，其實是調味高手的遊樂場，因為原汁原味的食材，要在無火調理中互為輔佐，激盪出各自的特色、萃取出不同風味，需要十分敏銳的味覺。
- ✦ 獨門秘技首度大公開，蕗蕎在此道菜中屬於調和隱味，嚐起來似有若無個性獨具，讓牛番茄的甜味更鮮明；蕗蕎性溫味辛，營養成分鉀有助維持血壓穩定、葉酸降低心血管疾病的風險、富含多種維生素對養顏有益。
- ✦ 選購鱗莖肥大的蕗蕎為佳，不論涼菜或調味，都能調胃溫中、通陽補陰，尤其現代人多食冰飲涼品，加上適量原民慣用的老薑，與拌入義大利香料的梅汁一同調和，辛、香、暖引爆了多層次的味蕾感受，吃起來滋味新奇益氣滋補又暖胃，去除風寒濕痹，是一道顏色討喜，又養生可口的春節派對起手式。
- ✦ 老薑在此還要特別一提的是，除了與蕗蕎起了交互作用的暖胃效果，同時還是把義式香料和梅汁促進融合的大推手，讓多種香料品嚐起來更加匹配，是非常令人驚艷的神來之筆，好像身處原鄉深山就能一眼看見地中海，就是不同凡響。
- ✦ 這道開味料理，5 分鐘就能上菜，不但吃起來爽嫩鮮甜，還與一般開胃菜的冷調有別；若提前備菜放置一天變成醃鮮涼菜，風味更老成滑順，對於饕客來說，這是窺見功力的小心機，擺盤上再加點巧思，馬上飄出濃濃的「大廚駐點」Fu，在闔家團圓的吉祥時刻，成為超群獻瑞的焦點。

南法太平洋華麗奧旨至味

—奶皇馬告蕗蕎辛鮮燉煨一夜干—

材料— 2-3 人份

鬼頭刀 / 飛魚 (一夜干) 1/2 條
蕗蕎 1.5-3 顆
馬告 5 顆
乾辣椒 1 條
馬鈴薯 1.5 顆切片
歐式麵包 3-4 片
牛奶 300cc
沙拉葉數片
檸檬一小片

調味料—

奶油一湯匙
紅胡椒粒 20 顆
綠胡椒粒 20 顆
威士忌適量

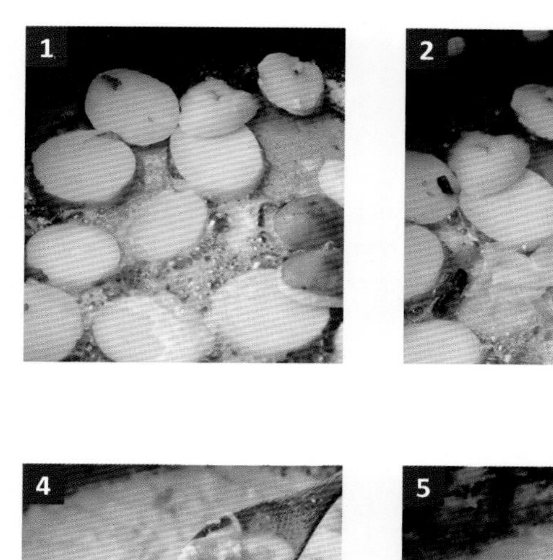

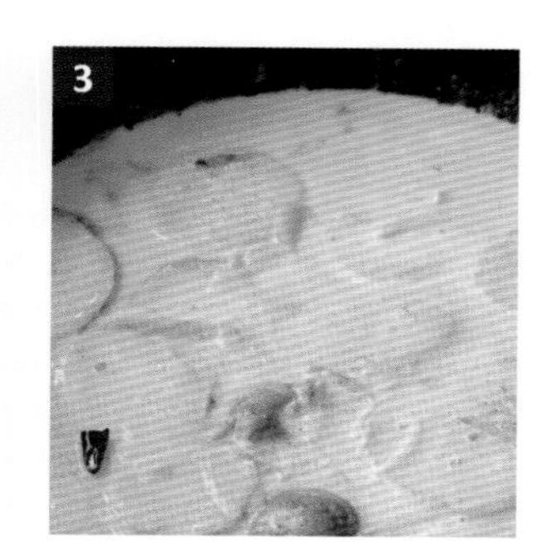

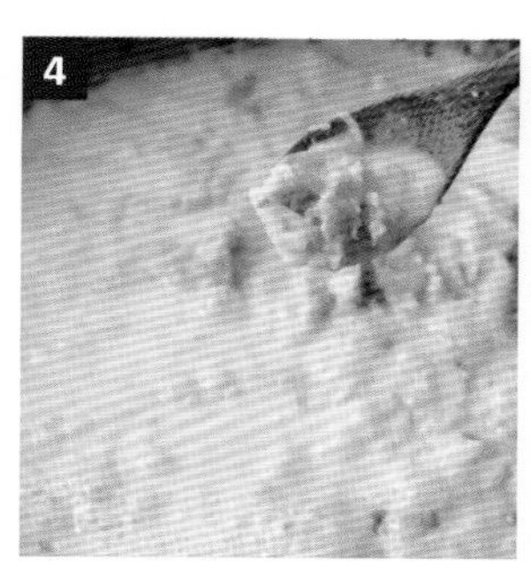

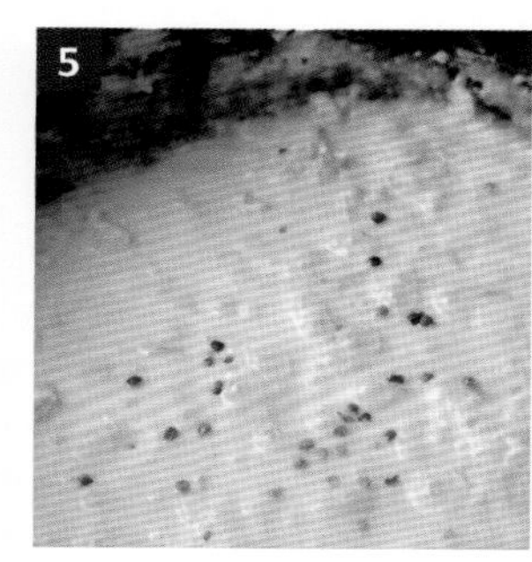

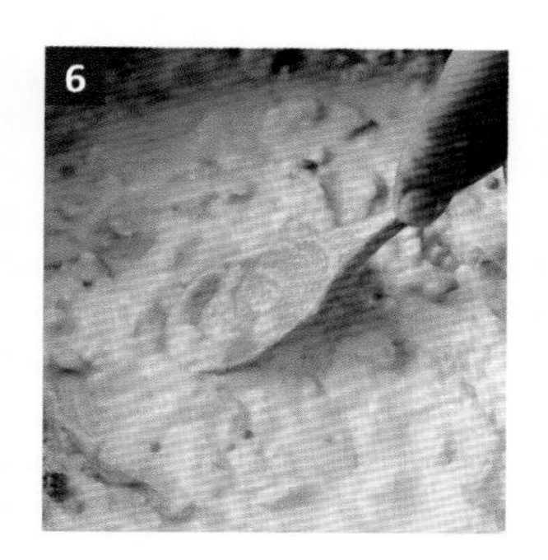

作法—

(料理前準備)魚肉處理：一夜干先用湯匙刮下魚肉，大約半條魚分量即可。

1、熱鍋，一湯匙奶油融化後，將切片的馬鈴薯煎香，下薄鹽少許因一夜干是鹹的。

2、乾辣椒扭碎與蕗蕎切片下鍋拌炒。

3、下牛奶 300cc 煨煮，牛奶大約淹過馬鈴薯的高度。約 10 分鐘後馬鈴薯軟化，加入 300cc 水，中小火蓋鍋蓋煨煮 30 分鐘。

4、開鍋蓋將馬鈴薯以煎匙壓碎後，再加入一夜干魚肉同煮，轉中小火，同時注意維持小火沸騰狀態。

5、撒入 5 顆馬告同煨，同時持續攪拌壓碎魚肉和馬鈴薯。

6、再入紅、綠胡椒粒(不壓碎)煨煮，續拌勻及壓碎馬鈴薯及魚肉，漸漸收汁濃稠，注意牛奶容易糊底，需不斷攪拌。

裝盤時搭配沙拉葉增色，切一小片檸檬片裝飾，進食時視個人喜好擠入增酸，可以適度拉高奶糊的甜味。

料理紀事　南法太平洋華麗奧旨至味

- 作一夜干的魚，竹筴魚、飛魚、鬼頭刀，甚至黃魚都有人使用；一夜干的鮮醇在於肉質經過風乾後，鹽分釋出讓蛋白質的風味更容易入菜，處理時需注意各種魚肉的差異性；例如飛魚的腥味較重，若在此道料理用飛魚，蕗蕎的份量要酌情加重。
- 若使用曬乾的飛魚，需先用牛奶小火煮軟，讓奶脂包覆，有效降低鹽分與魚腥味。一夜干的醃製與風乾，鹽分雖然以接近海水的鹽量為準，但有些人偏好較鹹的一夜干，食材使用前要先嚐嚐鹹度。
- 這道菜的概念源於南法的牛奶煨煮鹹鱈魚，燉煮取其鮮醇的海味與奶脂香，歐陸烹調通常過篩或以調理機打碎當底料。這裡維持魚肉碎糊狀口感，比較符合國人飲食習慣。
- 一夜干的魚鮮味，以辛香料蕗蕎、馬告、紅綠胡椒依照烹煮程序漸次入味，吊出鮮脂腴醇，牛奶、奶油中的油脂包覆性強，煨煮過程緩慢釋出香氣，與魚肉鮮味交融。蕗蕎與乾辣椒在菜色中消融於無形，屬於隱味的功能，做為菜色底蘊；馬告與胡椒粒不壓碎，是為了煨煮中慢慢將辛香氣味釋放，避免一壓碎太快揮發辛香特性。
- 做菜的美味祕訣之一，講究君臣之道；主食材若是君王，要有將相輔佐，味道層次與深度才能顯現，若一股腦兒強火重料，初嚐新鮮，但是容易膩味，口味越來越重而不自知，一下子便養壞了飲食品味。

Σ 馬非客∞獵食尚

✦ 一夜干是源自日本北海道漁夫，保存豐富魚獲的方式，使魚肉風味鮮香，肉質更緊實。台灣原住民族常用鬼頭刀、飛魚等來製作一夜干，屬於非常普遍的食材，以燒湯、燉煮為主，再配搭當地鮮蔬野菜，有粗曠的原始風味，但因海味較重，外地人往往吃不慣。

✦ 以南法牛奶燉鹹鱈魚的概念，加入蕗蕎、馬告與紅綠辣胡椒粒，變身為華麗的高級料理，也保有原民及寶島在地風味，口感嚐起來層次分明，鮮醇綿密，整體來說一夜干的調性清晰，雜揉蕗蕎與馬告、紅綠胡椒等辛香料的香氣；而馬鈴薯更吸收了所有的味道，奶糊鮮爽厚實，真是一道有深度的奧旨至味。

✦ 品嘗時咀嚼到馬告及胡椒粒迸發的香氣，完全在口腔中恣意亂竄，交迭魚肉和湯糊口感在進食中呈現，帶來驚喜的深度風味，與魚肉奶脂的香氣融合得完美無瑕，搭配外脆內軟的麵包沾取食用，真是一道吮指回味、魅力滿點的華麗料理 !!

✦ 這道菜製作的時間較久，需要注意爐火不糊底，還要不斷攪拌壓碎，但成品的鮮腴美味，令人讚嘆，沒想到未烹煮時鹹腥的一夜干，能幻化出這等有深度及多層次的美味。

✦ 在春日派對裡展現這道功夫菜，很適合情人和元宵節有點粉紅情境的主題派對，浸泡等待的過程及繁複工序的加持，都好像戀愛中多變的磨人心情， 一口咬碎馬告及紅綠胡椒粒的刺激口感，更似情侶約會不時帶來的驚喜，箇中滋味耐人細品。

鮮．法式胭脂海棠玉軟

—洛神花汁煎煨雞腿—

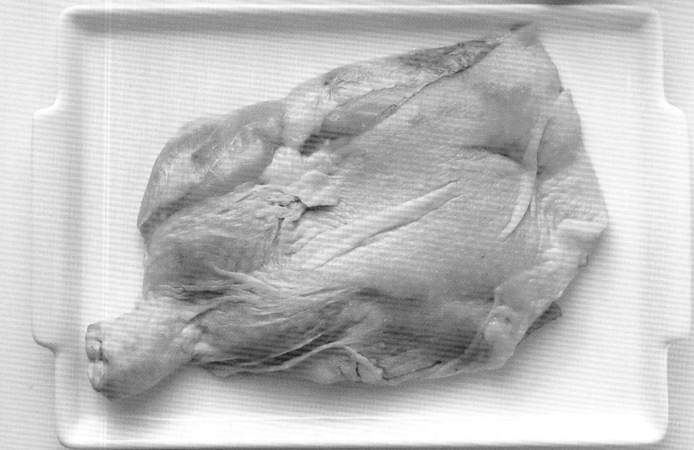

材料— 2-3 人份

大雞腿肉 1 份
洛神花 5-6 朵
雞高湯 160cc
沙拉葉
（芝麻葉、蘿蔓葉、
美生菜皆可）

調味料—

鮮奶油 1 茶匙
橄欖油少許
鹽適量

作法—

（料理前準備）洛神花加 200cc 水煮開，取一碗稠汁備用。煮出酸香味即可，需要特別留意不宜煮過久。

1、雞腿先以薄鹽略抓。熱鍋加少許橄欖油放入雞腿中火煎，再下少許鹽，雞腿煎至五分熟時先取出。

2、鍋中油脂留用，讓鍋子略為降溫，再下洛神花汁。

3、下雞腿肉面小火煨煮。

4、再加入雞高湯，蓋上鍋蓋燜煮。鍋中醬汁約剩 1/3 時再次移開雞肉。

5、淋入 1 茶匙奶油，仍以中小火慢慢收汁。留取湯汁做為淋醬，擺盤用。

6、第三度將雞腿肉放回鍋中，留置鍋底的湯汁煎香帶皮面，上色煎出香味起鍋。配菜取沙拉葉，如芝麻葉、萵苣或蘿蔓葉，少許橄欖油，撒上一點海鹽，淋上橄欖油、洛神花汁拌勻即可。

料理紀事 鮮．法式胭脂海棠玉軟

- 法菜及原民部落很多料理是用煨燉煮方式呈現，也很適合分享親朋好友。一般家庭只要一個炒菜鍋就可以完成這道料理。
- 洛神花汁入鍋煮需降溫，以免高溫破壞酸味，引出苦澀味。可以用手放置於鍋緣上方 2-3 公分不會燙作為判斷。
- 雞腿肉第一次煎皮面，逼出油脂；第二次煨時，加入湯汁則煎煮肉面，酸性會加速蛋白質熟成，保留雞肉的彈嫩口感，醬汁入味，雞肉軟嫩不乾柴。
- 洛神花汁小火燉煮時，酸味慢慢降低，會帶出雞肉及雞高湯中淡淡鹹味及肉質鮮甜味，很簡單的手法卻能烹煮出微妙高雅的風味。
- 蓋上鍋蓋燉或煨煮，這個動作雖然簡單，卻能使食材受熱均勻，留住香氣。
- 奶油的作用是平衡洛神花汁的酸香，以油脂包覆香氣；奶油與與雞肉的油脂相融合，增加滑順風味。

Σ 馬非客∞獵食尚

✦ 洛神花通常做成酸酸甜甜的果醬、蜜餞；除了美麗似玫瑰的花型，其實洛神花是微鹼性食物，有消除疲勞、涼血淨血之效，含豐富的維他命 A 及 C、蛋白質、脂肪、蘋果酸、鐵、鈉及花青素…等，這麼多的營養成份造就了洛神花如同胭脂色的外表。

✦ 洛神花經水煮開滲出微量元素的湯汁，就像被施了魔法，呈現出紅寶石般的色澤，甘酸的味道正是多種營養素化學作用後，所展現令人意想不到的驚喜風味，和雞、豬、牛、羊肉都非常合拍，有別於加糖後的運用，一同烹煮時有效降低肉類的羶味，以洛神花汁入菜，絕對是別出心裁的怦然之作。

✦ 這道頗具姿色的料理，初嚐就倍感新奇，未糖化處理的洛神花汁，與帶皮微煎的去骨雞腿完美交纏，滋味像最熟悉的陌生人，卻無比的鮮、酸、香，被奶油法式輕燜鎖住的甘芳，一入口就滿頰生津，名符其實，好吃的說不出話來。

✦ 簡易方便的烹調，只要一個平底鍋，以煎、煨、悶的三種手法就能煮出微妙的酸香滋味；煎雞腿肉分成三階段，只要注意一下工序，就能使平凡無奇的雞腿肉，帶出香煎與小火煨煮獨有的濕潤軟 Q 口感。

✦ 在婦女和兒童節這充滿粉色柔嫩的派對上秀出此料理，女性和小朋友一定忍不住驚呼出聲，胭脂色醬汁就如腮邊一抹紅，吸滿醬汁的去骨雞腿，則如一塊粉紅海棠玉般鮮嫩欲滴，八成想搶先偷吃；但看與一旁沙拉葉搭配，如珠寶首飾般的構圖，又想嚐又想欣賞，怎不令人讚譽交加呢！

將進酒蝴蝶樹天使小羊排

—刺蔥甜椒蘿蔔鮮醇吮指煨麵—

材料— 2-3 人份

洋蔥 1/4 顆切小丁
天使麵一把
小羊排骨 600g
紅蘿蔔切小丁 100g
白蘿蔔切小丁 100g
甜椒半顆
新鮮刺蔥葉 4 片
(或乾刺蔥一小撮)

調味料—

奶油一大匙
威士忌酒約 2 盎司
鹽適量

作法—

(料理前準備)甜椒半顆，烤過去皮切丁備用。

1、融化奶油後先放洋蔥丁炒香後，再繼續放入紅、白蘿蔔丁拌炒，炒出蔬菜清甜味，略下薄鹽。

2、小羊排骨下鍋拌炒，炒至兩面上色 5 分熟，開大火，下鹽調味。

3、下威士忌嗆鍋壓味去腥，並可加速羊排熟軟，將肉汁鎖住肉質卻不乾柴。

4、拌炒一分鐘後，加入甜椒丁。

5、刺蔥切茸末，拌入。與豬肉類料理不同，羊肉羶腥味大，讓辛香氣提前與肉味融合。

6、加水蓋過食材燉煮，蓋上鍋蓋小火燉煮約 30 分鐘。

天使麵一把，煮熟備用，略拌一點橄欖油放涼。盛盤時將油脂豐厚的湯汁淋入，煨麵可熱食，也可略放涼食用，一樣鮮美醇厚。

料理紀事

將進酒蝴蝶樹天使小羊排

- 初下洋蔥炒出香味即可，不要炒到褐黃色
- 甜椒易熟，不要太早下鍋拌炒。大賣場販售的烤甜椒罐頭，也可替代使用；這道菜的味道較厚重，表現豐厚的油脂與羊肉啃骨的口感，若不喜羊羶味，小羊排骨可以等量牛腩取代。
- 烹煮肉類料理，時時嗅聞，感受菜色在熟煮的過程所散發的香氣變化，對於掌握火候或者下料時間，非常有幫助。
- 肉類烹煮鮮甜 Q 彈的小撇步之一，可善用不同酒類嗆鍋促熟；嗆鍋的時機，大約是肉半熟時開大火高溫嗆鍋，若有火苗回火鍋中，不必太擔心，嗆鍋數秒即將酒精揮發殆盡；請注意安全，爐台附近避免有易燃物。
- 刺蔥在這道菜中，發揮調和羊肉和蔬菜的功能，不搶味但是存在感十足。不喜羊肉羶味，刺蔥可加量使用。

Σ 馬非客∞獵食尚

✦ 羊肉的料理，一般人都怕腥羶味，此道煨麵，在放入小羊排時，使用威士忌嗆鍋去腥，再加刺蔥以其獨特香味輔助，並和足量滋味微甜的蔬菜煨煮；恰如其分的控制羊肉的羶味，並帶出肉質的鮮甘味。良好的火候管控使肉質吃起來不乾柴、鮮嫩中帶有嚼勁。對於喜歡羊肉的朋友，吃起來有非常到味的幸福感喔 !!

✦ 此料理主要是在於享受小羊排骨去腥後，本味散發的羊酯香氣，再搭配上洋蔥、紅蘿蔔、白蘿蔔與甜椒混合拌炒，所帶來多重鮮美混和蔬果釋放的清甜滋味；因此最原始的羊肉香韻和青蔬自然的甘甜，正是烹調表現的重點。

✦ 羊排油脂在燉煨中釋出精華，貢獻給麵絲和湯汁，在啃咬的樂趣中品嚐到羊肉的滑嫩與咬勁，吮指回味樂無窮；再配上彈牙又細如髮絲的天使麵，不但用羊肉的油脂豐厚了麵體的滑順，更讓整道菜的醬汁緊緊依附，滿口膠質咕溜咕溜，難以掌握的羊肉味，達到了鮮美交錯的平衡感！

✦ 原民食材刺蔥，透過和幾種青蔬的交互作用，展現其蜜源植物吸引蝴蝶的芳甜特性，若喜歡其花椒屬嗆香味兒的可酌情增量。

✦ 對料理新手來說，小羊排的煨煮，既要羊肉的鮮醇厚酯，又忌怕腥羶味，的確有一點難度。以紅白蘿蔔拌炒打底，有如先鋒打頭陣，再加上烤甜椒獨特的煙燻味帶出鮮甜；刺蔥的應用，就像調和鼎鼐的功臣，既調和肉汁和蔬菜，功成不必在我，隱入肉味中，但又嚐得出刺蔥獨特的辛香味。

✦ 復活節有吃羊肉的傳統，開齋主題趴獻上這道料理，品味詩仙李白所言：「烹羊宰牛且為樂，會須一飲三百杯」在宴會中與親朋好友大啖鮮甜的羊肉，將進酒杯莫停，一同歡慶難能可貴的相聚時光，夫復何求？

紅寶迷藜醺酸甘韻溫涼菜

—紅藜鮮蔬火腿丁米沙拉—

材料— 2-3 人份

台灣米 1 量米杯
火腿 160 克切丁
紅藜 2 茶匙煮熟
甜豆 100 克

調味料—

白酒醋 1 湯匙
橄欖油 1 湯匙
鹽適量
橄欖醋微量

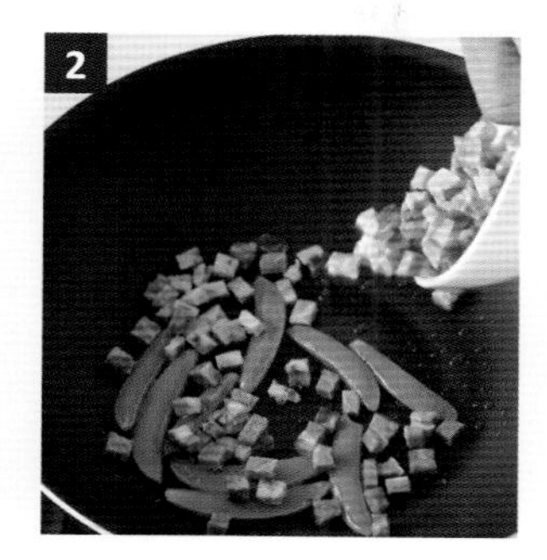

作法—

(料理前準備)一杯白米煮熟約 2 碗飯，當日煮熟放涼。

紅藜煮熟備用，紅藜與水比例 1:1。

1、下橄欖油及甜豆略翻炒。

2、速下火腿丁炒出香味後並關火。

3、(關火進行以下所有步驟)利用餘溫拌勻紅藜。

4、放入煮好放涼的米飯，繼續慢慢拌勻。

5、慢慢地淋入白酒醋，酸香融入米香入味才足韻。

6、拌勻白酒醋後入 1 湯匙橄欖油續拌，最後薄鹽撒入再拌勻。

食用前可以橄欖醋微量淋入再拌勻，增加甘甜滋味。

料理紀事 紅寶迷藜醺酸甘韻溫涼菜

- 紅藜單獨煮熟，此不和白米混煮。
- 紅藜略帶苦味，若用量多或在高溫下拌炒，苦味釋放太明顯會影響口感。紅藜在這裡像是隱士般低調，但冷涼後細細咀嚼還是嚐得出紅黎的口感，帶點小小驚喜。
- 關火拌溫涼飯，利用鍋子餘溫即可拌香。
- 火腿丁的油脂包覆紅藜，略帶苦味的特性被修飾成鮮香。
- 白酒醋可以保鮮，慢慢拌勻過程酸氣散逸，讓酸香與米香在餘溫中慢慢融合，讓米飯 Q 彈且粒粒分明。入白酒醋拌勻時淋入橄欖油，讓油脂香氣包覆米香與酸香，嚐一下味道，再酌量是否需要再續加，才不會過酸。若無白酒醋，可用釀造糙米醋替代。
- 最後以橄欖醋點韻，橄欖醋可用紅酒醋或水果醋類替代。釀造醋越陳越香，這道溫涼菜的用醋的工序和份量是關鍵步驟，只要慢慢地加入再拌勻就不會過量了。這道溫涼菜做法簡單輕鬆，但要注意工序的掌握。

Σ 馬非客∞獵食尚

✦ 這道溫涼菜也是米沙拉的概念，米飯提前煮熟後自然降溫，與材料拌勻溫食或是放涼都別有一番迷人風味，春夏交接之際享用尤其美妙。

✦ 紅藜 (台灣藜) 是近來備受關注的原民食材，被稱為「料理藜界的紅寶石」，具備豐富的膳食纖維及優質蛋白質，含有高抗氧化成分，被證實有保健防癌的效果，在國外也出現許多與紅藜相關的故事。

✦ 若烹調技巧失當，紅藜容易滲出其營養成份的苦味，所以巧妙的以入菜順序，讓各種食材味道自然融合優化很重要；此料理用橄欖油略為拌炒－甜豆、煙燻火腿丁、紅藜，降低豆青味，引出火腿特殊的燻香味，嚐起來完全沒有紅藜的微澀苦味，清甜、鹹香、芳鮮完全凸顯彼此的優點非常匹配。同時順勢在被酯香包覆下呈現絕美滋味，與米飯結合又鎖住了白酒醋與橄欖醋的各自風味，酸酸甘甜的米飯，溫溫時嚐酸香泛甘，放涼後再吃，雙重微酸返甘韻的滋味，保證讓你一口接一口停不下來。

✦ 家宴菜單設計不易，既要口味新鮮，最好又可以提前備菜，推薦貴婦小姐們善用溫涼菜；在派對中，可以當主食，豐盛地共享分食，也可以小份量裝盤，當作下酒及聚會中間時段的點心小品，用心擺盤上菜，賓客一定能感受主人的誠意與巧思。

✦ 這是一道連新手馬非都可以入手的料理，別誤會，說的只是入手而已喔！就是上菜後易入口又好看，多做幾次掌握最佳火候後，哈哈哈！一秒變大廚，盡情享受賓客的讚嘆吧！

✦ 復活節演變至今日也有食用火腿的習慣，在主題派對上準備此道料理，火腿丁、紅藜和甜豆倒像是米飯中的彩蛋，餐桌上唇齒間的尋找也饒富興味，是非常推薦的家聚宴會菜色。

法式金芋桂迎得鳳凰來

—小芋頭桂竹筍薑黃Q糯酸鮮全雞燉湯—

材料— 3-4 人份

小芋頭 6 顆去皮對切
醃製桂竹筍 2 支切塊
老薑 6 片
全雞一隻剁成四大塊
薑黃粉 2 茶匙

調味料—

奶油 1 大匙
鮮奶油 2 茶匙
威士忌 10cc(2 瓶蓋)
鹽適量

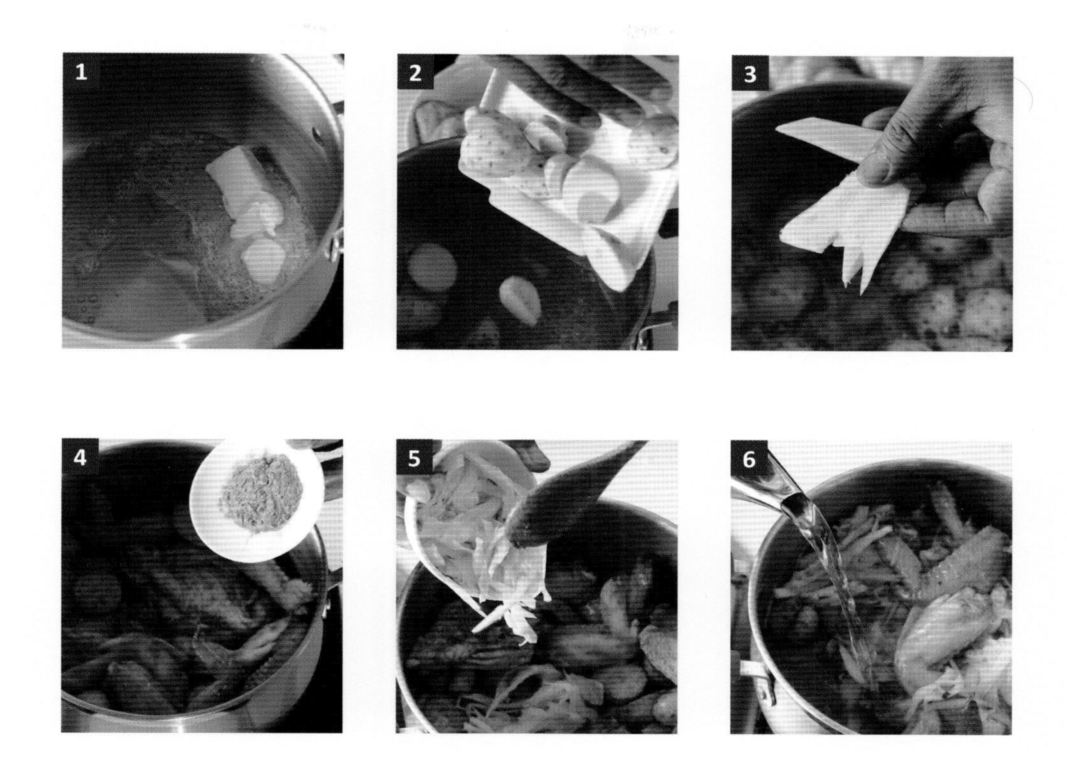

作法—

1、 取煮湯用深鍋，奶油 1 大匙以中火熔開，下威士忌約 2-3 瓶蓋嗆鍋。

2、 下小芋頭拌炒約 2-3 分鐘，先讓酒精提香，奶油與酒香熱熔合後，嘗起來 不膩口。

3、 加入薑片約 6 片，拌炒到小芋頭吃進油脂香氣散發。

4 、全雞以一開四剁開，先下雞腿肉煎，再下雞胸肉部分，煎至上色半熟程度，再下薑黃粉 2 茶匙拌勻。小芋頭容易沾鍋，中小火慢慢拌炒。

5、 醃製桂竹筍下鍋拌炒。

6、 加水淹過食材約 3 公分，小火燉煮約 1 小時後加入鹽及鮮奶油即可上菜。

料理紀事

法式金芋桂迎得鳳凰來

- 奶油熔化後即下威士忌嗆鍋，是為了提香並平衡奶油的油脂味，使其圓潤不膩口，酒香微微的酸氣可讓小芋頭更快熟。
- 這道菜食材下鍋的順序，依照不同材料火候熟成度掌握，可以充分調和食材的味道，使其保有原味又互相交融，菜色的主調性嚐起來清晰明確。
- 全雞下鍋煎，先下肉厚的雞腿部分再下雞胸。若是家常料理也可用雞胸骨及雞翅 (6-8 支取代)；先下雞翅膀帶出油脂，再下雞胸肉煨煎。
- 薑黃粉適量掌握，太多會使菜色帶苦韻；桂竹筍燉煮前再下鍋拌炒，以免酸味太早發散或太搶味。桂竹筍使用新鮮或是醃製的皆可，新鮮的竹筍切塊拌炒口感風味更佳。
- 薑黃與雞肉常常搭配做菜，通常雞肉味道太單一，這裡以奶油酒香與雞肉油脂為底味，薑黃做為點韻的作用，巧妙的帶出小芋頭的糯香稠味，並平衡桂竹筍的酸味，同時使酸香包覆油脂，口感滑潤。
- 這道湯品燉煮完成後通常會加入適量鮮奶油使味道更滑順融合，若是不加也一樣美味。

Σ 馬非客∞獵食尚

✦ 初看覺得此道料理以色誘人，金光閃耀令人迫不及待的想要品嚐。吃一口後更感新奇，小芋頭的糯香將桂竹筍的酸鮮和雞肉的酯鮮緊緊包裹，鍍上一層絲綢般的奶油酒香糖衣，多層次的美味同時在齒頰間竄動卻各自分明，前所未有的鮮、酸、Q、脆，何止是回味無窮足以形容的呢！

✦ 薑黃、老薑和奶油的組合好似法式創新咖哩醬。原住民喜愛的小芋頭，概念上代換了咖哩好搭檔馬鈴薯，芋艿特有的香氣及 Q 彈，讓似曾相似的好滋味再添驚喜，配上爽脆的原鄉桂竹筍口感多重，咀嚼的觸覺及樂趣瞬間倍增；頓覺，山壁陡峭的部落離米其林原來這麼近。

✦ 薑黃是當紅的超級食材，現普遍栽種於部落坡地間，含豐富的營養成份，雖味苦卻性溫，有很高的抗氧化與消炎特性，搭配油脂將更容易吸收，以法式烹調來料理，奶油不但緩和其略苦之味，還可提高類薑黃素的吸收率，更達成了喜慶金黃上色的效果，很適合在春節的主題派對上，營造金鳳凰來儀的歡樂氛圍。

✦ 有的人做菜習慣是食材一次下鍋煎煮炒煨，可能影響食材的熟成度，還使味道混雜，嚐起來濃重但不爽口。馬非客提醒愛做菜的朋友們，掌握食材下料時機點與熟成度，常常是美味的關鍵呦！例如拌炒小芋頭的工序，在不斷拌炒使油脂充分融出後再下料，澱粉質才能完全吸附味道，又香又 Q。

✦ 這是一道充滿香氣的簡易燉湯，酒香與奶油香，使雞肉的風味更有層次；小芋頭的澱粉質在拌炒時梅納反應轉化很快，散發焦糖般香氣，食慾大開，加上桂竹筍的酸鮮與油脂融和，不管是聞起來還是嚐起來，都是很療癒暖胃的一道宴會菜。

綻放

夏節慶
媽媽的溫馨味道

家滋味靈魂人物專屬日，康乃馨花語，平日已綻放慈輝，今天哪能再請媽媽煮呢 !? 母親節的記憶滿是逛街…? 非也！其實是媽媽各種鄉愁的味道探詢，隨不同的餐廳團聚，總會有似曾相似的味道，引發出馳騁思緒，家人間無意細數記憶中的熟悉滋味，懵懂中有所感，現在想來代代相傳的不只手藝而是心意；不論在哪，有家人在的地方就是家！

。母親節 子女用心反饋，綻放熱情感動慈恩，媽媽～謝謝您。
。端午節 粽葉飄香，欣賞體能綻放揮汗划龍舟的家聚時刻！
。仲夏節 東方熟悉的節氣－夏至，西方認為此時節具有魔力，
莎士比亞寫下不朽名劇「仲夏夜之夢」，暢快綻放想像力的派對時刻。

和微文青歡樂馬非一起輕鬆煮～親炙家滋味 Rolf 味文青主廚指導～～
7 道節慶饗宴 -- 原民香氣食材 + 跨界料理紀事 + 馬非客賞味分享

佩里哥李白黑鑽琥珀寶盒

—松露紅糯米雞佐南瓜糯米椒—

材料— 2-3 人份

全雞約一斤重
紅糯米 1 碗 (煮熟後)
李白南瓜半顆
糯米椒 5 根

調味料—

橄欖油 2 湯匙
松露醬 1.5 湯匙
威士忌 1 茶匙
鹽 1 茶匙

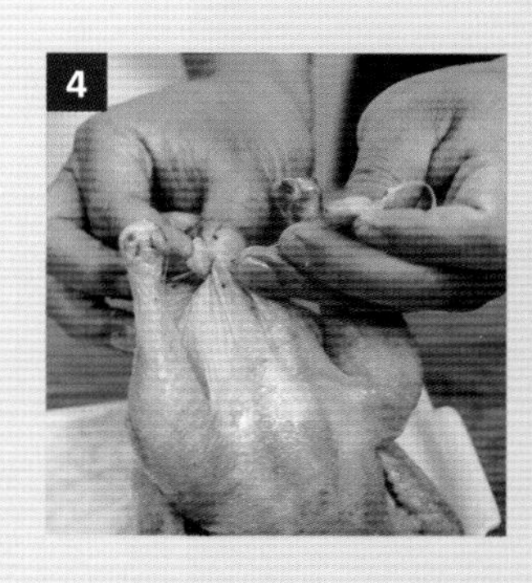

作法—

(料理前準備) * 用 1 茶匙鹽將雞內外均勻抹遍，並稍加按摩幫助吸收入味。

* 紅糯米一杯加水 0.8 杯，電鍋外鍋約 0.8 杯水量煮成半熟。

* 南瓜整顆洗淨連皮入電鍋蒸熟備用。

1、 熱鍋後加少許橄欖油，全雞入鍋先煎香，從雞腿肉厚部份先煎再煎側肩處。

2、 半熟的紅糯米飯加入松露醬拌勻，並入 1 茶匙瓦特威士忌拌勻，增添風味。

3、 調料後的紅糯米飯塞入雞腹中。

4、 以牙籤在雞屁股處封實。入電鍋蒸二次，第一次外鍋放 1 杯水，蒸好後燜 5 分鐘不開蓋，再加外鍋一杯水蒸第二次。蒸好後取出。

5、 預先蒸熟的南瓜去籽，取出南瓜肉壓成泥狀備用。

蒸雞產生的雞油淋入南瓜泥，攪拌均勻可增加香氣也促進營養的吸收。

6、 蒸好的全雞，入鍋煎使外皮漂亮並增加香氣。

熱鍋留有雞油，放入糯米椒略炒即可。大功告成可準備擺盤上菜了。

料理紀事 佩里哥李白黑鑽琥珀寶盒

- 紅糯米是原鄉特色食材，也是滋補養生聖品。以全雞的油脂香氣包覆，滿滿松露香味與紅糯米交融，提升雞肉口感層次；取其有容乃大、圓滿融合的意涵。
- 南瓜選用含水分少的李白南瓜或是栗子南瓜較適合。
- 全雞入鍋慢煎中火逼出雞皮油脂，先煎雞腿再煎側肩處，兼有塑形效果，雞胸不能受熱過久，以免肉質老柴。
- 原形化原味，雞肉油脂留用與紅糯米互相提味，並與南瓜甜糯澱粉質形成平衡口感，兼具營養及風味。 糯米椒是部落經常食用的菜餚，在此用煎雞肉留鍋的雞油拌炒，即可吃到食材原本的美味清甜。
- 松露醬為關鍵材料，瓦特威士忌酒香有畫龍點睛之效；松露醬代用食材，可選用台灣香菇炒香，或用臘肉切丁拌入。
- 素食者也可運用豆皮取代雞肉，用豆皮將紅糯米飯包起煎蒸，有另一種恬淡香氣與美味。

Σ 馬非客∞獵食尚

- ✦ 兩種珍饈藉「雞」傳情，演繹出不可置信的鮮美傳奇。原住民「天神的禮物」紅糯米用歐洲人詠讚「廚房的鑽石」松露醬拌勻，像包粽子一樣埋伏在雞身內燜蒸後，一趴開濃郁的松露香，混合雞酯糯芳味立刻撲鼻而來。
- ✦ 透過威士忌和橄欖油的催化，讓燜蒸時自然飄溢的雞油酯化後，再結合 100 個人可以嚐出 101 種鮮的松露，及糯芳無敵 Q 彈有勁兒的紅糯米，已經趁「雞」融合啦！迫不及待地咬下一米芬、雞汁、麝香立馬在口中爆開，還想再咬一口，古溜的紅糯米嶄露彈牙滑口本色，讓人繼續感受芳鮮，好吃得合不攏嘴。
- ✦ 詩意甜意並濟的李白南瓜和糯米椒，提供了佐餐時刻兩道自然的甘鮮，讓意猶未盡的齒頰，再趁「雞」油微煎拌過的雙甜，咀嚼把膩藏口中的雙珍二度品味，當真是美味無「雙」！
- ✦ 紅糯米調入松露醬和自然煨出的雞油融合，法菜台魂國際感在地性兼具；吃慣松露多種搭配的歐洲饕客，經過這款原鄉神禮跨國界混搭的珍味，只怕吵著要再品嚐一次不可。
- ✦ 對初學者這道料理比較繁複，但料理初入門者如馬非，跟著主廚程序就可以成功交卷喔！若要像名廚將火候掌握得恰到好處，需要多練習累積功力；想在派對上端出一盤華麗新法料，只要照步驟作就輕騎過關囉！
- ✦ 這道料理的紅糯米在原產地就十足貴氣，出現在派對的宴席上，頗有因為珍貴所以送給貴客的美好意涵，在品嘗之前彷彿打開珠寶盒的概念，已使來賓心生喜悅，吃了以後要小心他整盤拿走，還要詢問秘密配方呢！總之，主人家一定是面上超級有風。

托斯卡尼迷迭竹鮮肋腴

—桂竹筍老薑蘑菇酸甘厚酯煨豬肋排—

材料— 2-3 人份

醃桂竹筍 1.5 條切條狀
老薑 4 片切絲
豬肋排 1 塊約 8 兩
蘑菇罐頭 1 罐
雞高湯 160cc

調味料—

奶油 2 大匙
鹽適量
匈牙利紅椒粉適量
威士忌適量
義大利香料 2 小撮
迷迭香料少許

作法—

1、 豬肋排先撒上薄鹽塗抹醃製入味。

2、 兩面都撒上匈牙利紅椒粉。

3、 均勻搓揉肋排並醃製 15 分鐘，之後聞起來已有香氣。

4、 熱鍋融化奶油，出現小冒泡時下豬肋排煎香，同時鍋邊下薑絲。肋排一面煎到快上色時下威士忌嗆鍋，快速揮發酒精增香促熟。

5、 肋排兩面煎香上色約五、六分熟，下桂竹筍。

6、 放入蘑菇，再撒下義大利香料，及迷迭香少許捏碎點兒點韻，微量即可。再下 1 杯高湯，並加水蓋過食材燉煮。先大火煮滾，蓋上鍋蓋中小火煨煮 32 分鐘。煨煮過程不要常掀鍋蓋，觀察水量收汁到豬肋排濕潤，桂竹筍煨化軟熟即可。盛盤增色可以少許沙拉葉或雕花鮮蔬擺飾。

托斯卡尼迷迭竹鮮肋腴

- 醃製桂竹筍的酸甘，與奶油和豬肉的油脂煨化後，美味妙不可言。這道料理以歐陸香料提升香氣，讓常見的桂竹筍有了新的詮釋。
- 經過烹調筍可以幫助豬肉柔化；若使用新鮮的桂竹筍，應先入滾水中煮 5-6 分鐘起鍋 , 義大利香料減為 1/6 食指指甲蓋的用量即可，一樣煮出另一番風味。但是醃製桂竹筍的酸甘滋味，就沒那麼明顯了。
- 蘑菇罐頭可讓主婦更加快速上菜，若喜歡新鮮蘑菇，則記得要先以薄鹽醃製，煮沸水略燙 3 分鐘後撈起即可。
- 現在講究健康，選用豬肋排可修掉上層肥肉部分。煎肉時注意以煎匙略壓肉排，用以增加接觸面積及熟化。
- 下辛香料份量拿捏只有靠聞香和嚐味。微量、少許的分量若要精準標示，有時失之趣味。這道菜 2 撮義大利香料一入鍋，噴香立顯，再下迷迭香，香氣又變化了。
- 醃製食材方便料理。有些食材經過醃製、發酵、久藏轉化熟成，營養成分更完整。老祖宗以醃製混搭生鮮的烹調手法沿用幾千年，這道菜的豐美就由時間藏製的滋味來證明吧。

Σ 馬非客∞獵食尚

✦ 食物經過烹調後散發的香氣，有療愈身心之效，以天然油脂烹煮，其香氣啟發大腦的腦內啡，喚醒強大的健康意識，食欲激發，引動旺盛的生機，這也是自古以來傳承的養生良方之一。

✦ 這是一場繽紛的味覺饗宴，熟悉的桂竹筍和豬肋排的鮮領軍，不經意閃出蘑菇蕈類的芳甜，抿一下帶奶香的雞高湯，滲著老薑閑淡到幾乎不存在的檸檬香，緩緩釋放著別樣風情，尾韻中竟含著些許迷迭帶的松木馨香。

✦ 沾了口湯、用力咬下桂竹筍，逼出來的鮮甘混入筍香，再一口肋排，融合其中的醇厚酯味帶酸返甜，隨咀嚼反覆釋放，各種芳、酸、鮮、甘韻，只想讓齒頰稍停專心體會香味回韻，尾韻芳氣綿長。

✦ 盛產於原鄉的桂竹筍，其竹甘味本就具備貴族般綿密絲滑感，和被譽為引人暈眩的義式美味組合－迷迭香搭配豬鮮腴，是一場徹底令人陶醉的跨國味覺之旅。義大利香料添加迷迭香的效果，真有一秒就到產地托斯卡尼的感覺。桂竹筍像原民詩人徹底沐浴在義國的香氣薰風中，很法式的用奶油和蘑菇增鮮鎖香，原鄉食材這麼有深度的出現在夏日節慶派對，詩意、芬芳、醇鮮太醉人。

✦ 豬肋排不切以西式盛盤，肉汁鮮醇豐厚，配菜桂竹筍和蘑菇煨化熟透，一口嫩實豐腴豬肋排，一口鮮甘微酸桂竹筍，細緻又豐盛的味覺享受，別有風味。

✦ 這道宴會料理，簡單易學，宴客前一天做好，當天回溫也不減其風采，甚至冷食也無一絲肉腥味，反而滿口醇厚膠質。配菜冷涼後鮮甜滋味更顯，非常適合忙碌的現代馬非客。

守護金蘋果的龍涎原香

—火龍果花蔬食香滑濃稠青春健美—

材料— 2-3 人份

火龍果花 3 朵剖為二瓣
牛番茄 1 顆切丁
紫洋蔥 1/4 顆切丁
黑橄欖 6 顆切片

調味料—

鹽適量
橄欖油 1 匙
濃雞高湯 160cc
義大利香料 2 撮
* 健康蔬食的作法，
以義大利香料取代濃雞高湯

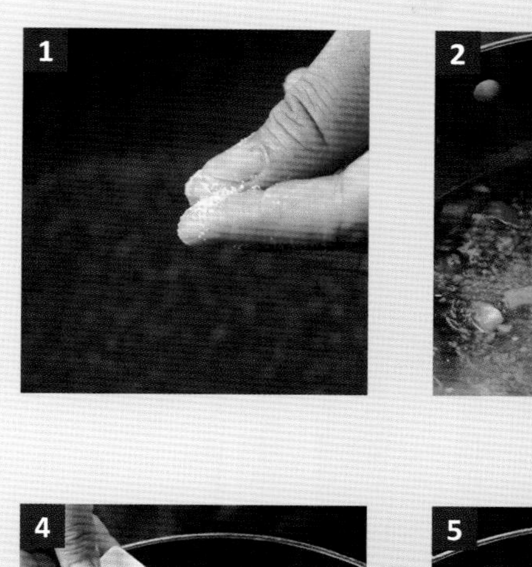

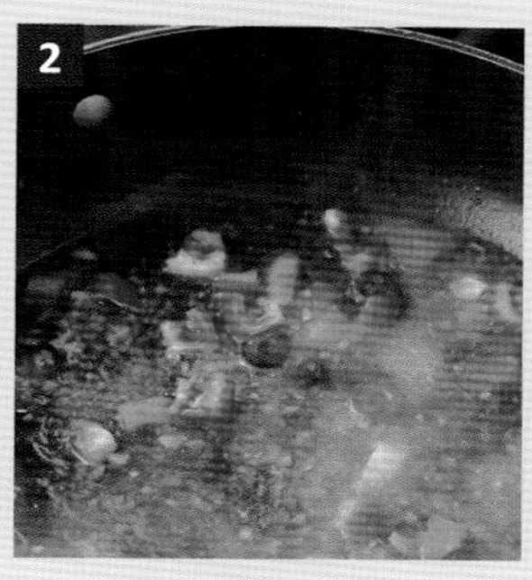

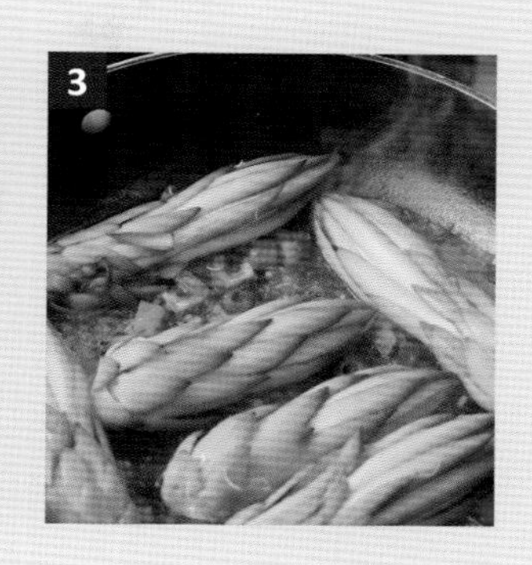

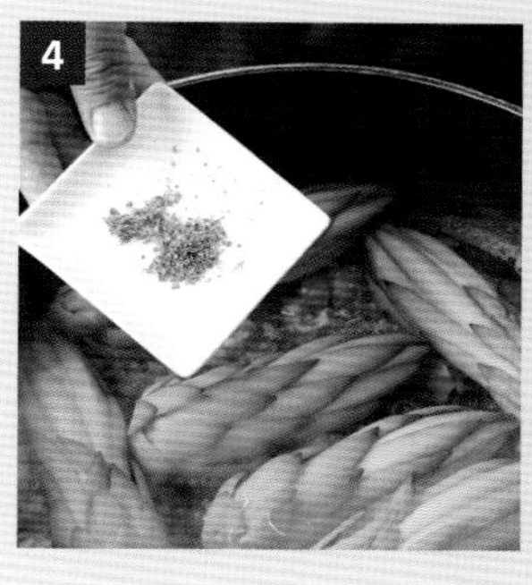

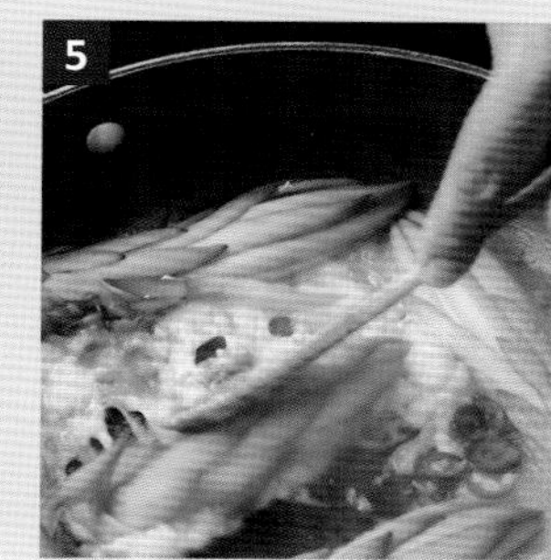

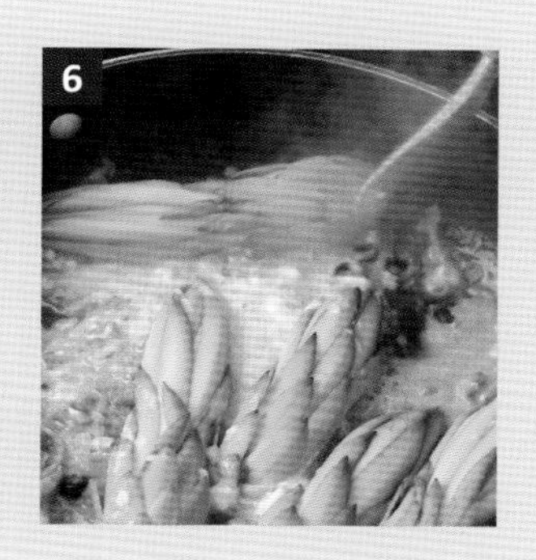

作法—

1、 熱鍋，岩鹽或海鹽先撒入鍋中，以火乾烤 10 幾秒，讓鹽的香氣迸發。

2、 淋入橄欖油，先下番茄炒香，番茄變色後略為出汁，再下紫洋蔥、黑橄欖拌炒後，加水約 100cc。

3、 加入火龍果花，蔬食底料和水分鋪底，避免火龍果接觸鍋底面太快軟熟。

4、（健康素作法）若是清淡健康蔬食，下 2 撮義大利香料，加水 160cc 左右煨煮 10 分鐘則起鍋完成。

5、（主廚原作法）不加義大利香料，直接入 1 杯雞濃高湯，一面少量加水調勻高湯，再加水煨煮。

6、 煨煮時以小火慢燉，蓋上鍋蓋煨煮約 10 分鐘，慢慢讓火龍果花香氣和經過油脂熱炒的幾樣蔬食味道融合，即可呈現濃稠香滑的蔬食料理。

守護金蘋果的龍涎原香

- 鹽花以略高的位置撒下，鍋中細勻分布顆粒，火的熱能瞬間將鹽中的礦物質、維生素活性激發。西式料理中，不管蔬食或烹煎肉食，也有像這樣薄鹽乾烤後下料的手法，甚至以厚鹽鋪底半焗半烤方式，激發肉質的甜度。鹽有促熟和轉化食材的特性，如果厚鋪層鹽乾焗貝類，其味美鮮滋妙不可言。
- 火龍果花較厚實不易熟，需翻面慢煨均勻軟熟。
- 火龍果花和曇花一樣有黏液，獨特的草菁味在烹煮過程中容易太搶味，或者被雜味掩蓋其香韻，所以用黑橄欖、洋蔥化韻平衡。
- 醃漬的黑橄欖在超市多可取得，若沒有黑橄欖可用乾豆豉 10 顆替代，直接入鍋煨煮。
- 黑橄欖的應用在歐陸很普遍，醃製品系多元，略酸偏鹹煙燻味都有；黑橄欖性甘淡、潤肺、下氣、補血。其鈣質和維生素非常豐富，入菜促進消化吸收。

Σ 馬非客∞獵食尚

✦ 吃火龍果花？沒錯！是吃花！許多原民部落都食用火龍果花，健康又養生。大量的低聚醣、水溶性膳食纖維可增加腸道菌群的活性，清理人體積存的多種毒素，所以部落老人家經常叮嚀，盛夏時節多吃以淨腸胃。

✦ 火龍果花多食寒涼，一般若以川燙沾醬呈現，嚐來澀口黏滑，雖養生卻不是人人覺得好吃。主廚以紫紅洋蔥的熱性和香氣平衡其特性，再以黑橄欖化除多餘滑液，牛番茄增加酸香清甜口感，經煨煮嚐來順口香滑，稠而不膩，美味可口顛覆原有的印象。

✦ 馬非對此道料理超有感，竟品出記憶中的幽微曇花香 (呵呵)，也許是我特別熱愛火龍果花的草菁味兒；獨特的體驗一黑橄欖、番茄丁和紫紅洋蔥經過橄欖油的爆香後，濃郁的鹹、酸、甜融合花露，好似有曇花香偶然閃現，咀嚼中段層次繁複的香味不斷更迭，後段的尾韻是橄欖中苦味糖苷的微澀退盡後，品出更多其他食材的酸甘韻，加上被奶油雞高湯鎖住幽微偶現的似花香氣，或許正是傳說中的龍涎香吧！

✦ 這是一道新手較容易入門的宴會料理，跟著作法照步驟指示，兩三下就能端出讓人讚嘆的鮮品。新鮮未開過的火龍果花非常鮮碧翠綠，但烹煮過後會自然呈現黃綠色，別誤會可不是您技術不佳喔！

✦ 同時留意料理過程中，適時的將火龍果花厚實的鬚瓣輕壓進湯汁煨煮，以保留鮮甜味，順道去除太過多的草菁味，掌握得恰到好處，才能品味出馬非特愛淡淡閃現的曇花香喔！

✦ 希臘黑橄欖和神話中守護金蘋果的火龍在盤飧中相遇，幽微的花香還富含營養，頗具戲劇效果，除了層次繁複的酸鮮芳甜，竟是遍植原鄉的家園食材，融合成希臘神話荷馬史詩般的蔬食料理，含有特洛伊天下第一絕色媳婦動人故事的美饌，派對上教人如何不討論呢 !!

野苦瓜@希臘天空下

─苦瓜與橄欖的甘味人生涼拌菜─

材料— 2-3 人份

野苦瓜 1 顆切片
甜椒 1/2 顆烤過去皮
醃製黑橄欖 2 顆切片狀
醃製綠橄欖 2 顆切茸末

調味料—

白酒醋 1 茶匙
橄欖醋 1 湯匙
橄欖油 1 湯匙
香油少許
鹽適量

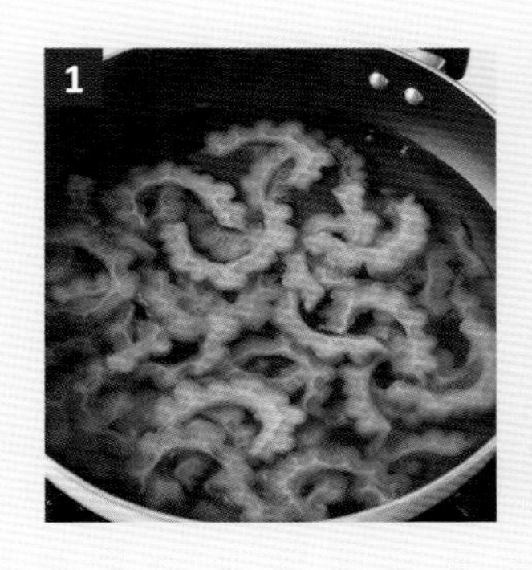

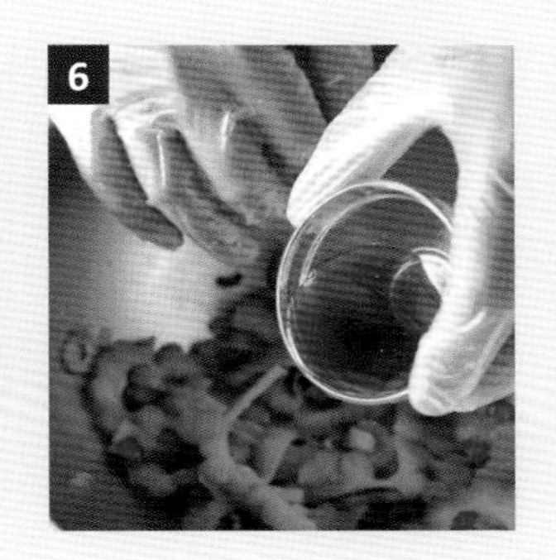

作法—

1、 野苦瓜先以熱水加少許鹽川燙。蔬菜轉色便及時撈起，記得必須以冷水沖流降溫保持鮮綠爽脆口感。

2、 放涼苦瓜下薄鹽。

3、 略抓苦瓜入味，瓜類第一抓可保留脆度。

4、 放入黑橄欖與綠橄欖切片。烤過的甜椒去皮切小丁，拌入大約半顆份量。

5、 下白酒醋。

6、 加橄欖醋、再淋入橄欖油慢慢拌勻，讓油脂與酸味調和，加速釋放蔬菜的鮮甜。試一下涼拌菜的口感與酸味是否調和，可再依照個人喜好淋入微量的香油，份量少許即可提香。

野苦瓜 @ 希臘天空下

- 苦瓜涼菜消暑清心，很適合做為開胃涼菜，胃口不佳時，可以讓食慾甦活。有些人排斥苦瓜的苦甘味，其實是澀味的處理不完全，使苦澀感加重之故，只要鹽水川燙去澀，以酸味提鮮，蔬菜的鮮甜味就能完全釋放。
- 若喜歡苦瓜爽脆口感，川燙後以大量冰塊迅速漂洗，可增加爽脆度，但苦味會比較明顯；若以冷水沖流降溫，川燙時間多 10 秒，苦瓜較軟嫩苦甘，口感較適合涼拌菜。
- 黑橄欖和綠橄欖的味道略不同，單獨加入的話，與苦瓜的苦味融合度不太夠，兩種橄欖味與苦瓜相拌，口感平衡，層次色彩鮮明。
- 加入甜椒能使苦瓜涼拌菜的甜度增加，但不影響苦瓜做為主角的調性。
- 橄欖醋帶有甘甜酸香，白酒醋性較酸，醬汁混合後帶出苦瓜與甜椒的甜味，也能適度修飾苦瓜的微澀與苦甘味。
- 白酒醋用在涼拌菜上，能帶出食材的爽淨特性；由上選白葡萄釀造、陳放而成，兼具低調的酒性，並散發清新奔放的香氣，口感酸醇；掌握精準份量，就能使菜色增色提鮮。

Σ 馬非客∞獵食尚

✦ 苦瓜與醃製橄欖，很多人不喜歡其個別的味道，遑論將兩種食材調合入菜。

✦ 這道涼拌菜令人驚奇；不但保留食材原本的特性，苦瓜苦甘味與橄欖的香氣毫不衝突，嘗起來層次分明，苦味、甘味、橄欖味、甜味在口腔中化開。

✦ 苦瓜＋橄欖這個大膽的嘗試，好像原鄉碰到了希臘，貌似即將展開苦味大冒險。料理中醃漬綠、黑橄欖的鹹、香、甘增添了味覺層次，還有淡淡的青草香氣，甜椒丁溫潤的甘甜和椒香味，再加橄欖醋和白酒醋，一口咬下卻滿是柔滑的鮮酸爽脆。整體的滋味更加飽滿，一瞬間感覺大腦都來不及反應，便已迅速占領所有的味蕾，如同慶典般在舌頭上輪流施放璀璨繽紛的煙火，然後再淡出只留甘鮮餘韻低迴不已。

✦ 苦瓜富含「苦瓜鹼」雖味苦不易入口，但營養成份高。適當料理後澀苦返甘還帶鮮味，與希臘盛產的橄欖所含「苦味醣苷」具有異曲同工之妙，加上鹽、醋、甜的催化，激盪出無比鮮香的口感，只能說野苦瓜在希臘的天空下，終於找到了美味的靈魂伴侶了！

✦ 初試啼聲的馬非認為，此道菜要注意在切苦瓜時的刀工，若厚薄度不一會影響口感。料理前先適時的水煮之後入鹽抓醃，是去除苦澀味的重要環節，這點學到就賺到了。只要依照作法步驟，簡單上手輕鬆愉快，相信連不吃苦味的小朋友也肯賞臉吃上幾口了！

✦ 宴會中端出一盤朱翠兼具，又五味酣暢的消暑開胃沙拉，賓客淺嘗「苦瓜與橄欖的甘味人生」，層次繁複的味覺跑馬燈，顛覆一般五感的腦洞全開，一秒對照到自己苦盡甘來的人生況味，馬上感到您派對的星空很「希臘」喔 !!

坎城奶香鮮酯玉棕櫚

—龍葵煎帶馬告煨旗魚—

材料— 2-3 人份

旗魚約巴掌大
番茄切丁 1/2 碗
酸豆 1 湯匙切末
龍葵約 1/2 碗切末
馬告 10 顆

調味料—

奶油 1 湯匙
鮮奶油 3 湯匙
清酒 20cc
義大利香料適量
醬油 1 瓶蓋
鹽適量

作法—

1、旗魚先撒薄鹽略醃。熱鍋後下奶油一大匙。中小火煎，鍋子熱度大約手掌在鍋面上 2-3 公分感覺熱氣上升再下旗魚，加少許鹽。

2、旗魚煎變色即翻面，下清酒，嗆鍋略煎到酒氣蒸發。

3、加入番茄丁拌炒，再下龍葵拌炒，加少許水蓋鍋蓋以蒸烤手法煮 1-2 分鐘，此時魚肉沒有熟透，先取出備用。

4、下一茶匙的酸豆丁，加入義大利香料，魚再下鍋並加入一碗水蓋鍋燜煮，以蒸烤的方式讓魚肉均勻熟成，鍋中收汁約魚肉厚度 1/3 時魚肉取出置盤。

5、淋下鮮奶油，拌勻湯汁，讓味道更滑潤。

6、加入馬告 10 顆，續均勻攪拌即可上菜。

坎城奶香鮮酯玉棕櫚

- 這道菜的概念源於法式田螺及部落龍葵煮蝸牛的概念。
- 魚肉不以油煎過熟，以蒸烤的方式保持鮮嫩，半煎熟時魚肉的表面帶有鑊氣，但裏層保持鮮酯軟嫩。若煎魚過度鱻味喪失，魚肉難以吸附配菜滋味，魚腥味反而凸顯。
- 龍葵要切碎末，才能完全釋放香氣，連莖帶葉切段入菜，會有些微澀味釋出。龍葵獨特的鮮蔬味，營養價值很高，與魚肉搭配，味道融入隱藏其中，平衡酸豆和番茄的兩種迥然不同的酸香，進一步帶出魚肉的鮮酯海味，很清爽又層次分明。
- 清酒、小米酒……等穀物天然釀造，入菜時會誘發肉類的蛋白質梅納反應，加速熟成，又能鎖住油脂留下鮮酯，可以靈活應用。
- 酸豆最後下料悶煮，屬於隱味，調和菜色的平衡。
- 這道料理加入鮮奶油增加魚肉滑潤感，若不喜鮮奶油也可不加喔。

Σ 馬非客∞獵食尚

✦ 這是原民食材－太平洋的鮮肉旗魚、原鄉野菜龍葵、原民香料馬告，共同演繹法式奶味香氣大戲，在最高殿堂坎城美饌影展，榮獲最佳鮮味獎項的金棕櫚獎，實在太好吃了！主辦單位還加碼致敬，以龍葵的碧綠為由進階成玉棕櫚獎喔！

✦ 馬告不碾碎融入法式奶香龍葵的組合，在和旗魚的鮮味一同咀嚼，原本濃烈的樟木質香，變得圓潤成了帶檜木精油的香氣，好像在為花旦和小生精彩的演出喝采。

✦ 看起來不起眼的龍葵，是夏天退熱消暑的菜蔬，單吃有獨特香氣，與旗魚一搭一唱，相互應合又層次分明。尤其龍葵降低魚腥味又能提鮮的特性，令人刮目相看，魚肉嘗起來很清爽甘甜，真是值得一試的妙招 !!

✦ 這道菜用奶油 Butter 和鮮奶油 Cream 一前一後的調和魚肉的鮮味，又煎又煨的手法，溫熱享用像一道主菜，冷食油脂滑潤，有白醬的絲滑口感。滑順的油脂以及甘味外，番茄的酸甜味後發先至的盈滿口腔，為此道料理留下餘韻，令人回味無窮。

✦ 原先以為歷經煨煮的魚肉會較乾柴，但一入口魚肉便在嘴裡化開，相當的滑嫩並完美吸附了醬汁，更讓人驚喜的是魚肉不帶一絲腥味！主廚利用三大法寶：清酒、馬告、酸豆；當清酒的酒氣散去，留下的只有穀物的香甜，而味道特別鮮明的馬告及酸豆並沒有突兀的在味覺裡張牙舞爪，而是與頂級奶油的油脂融合後化為一體融入口腔。

✦ 食材組合原本就出現在原民部落餐桌上，稍稍融入異國的烹調方式竟成了極品美味，在派對上和各國友人同慶，正是越在地越國際的最佳典範。

都蘭巴吉魯普羅旺斯燉菜

—麵包果燉蔬菜法料台魂—

材料— 3-4 人份

麵包果 (巴吉魯)1 顆
胡蘿蔔一段切片狀
紅黃甜椒各 1/2 顆
櫛瓜 1 條
醃脆瓜 1 條

調味料—

橄欖油 1.5 湯匙
迷迭香微量
橄欖醋少許
鹽適量

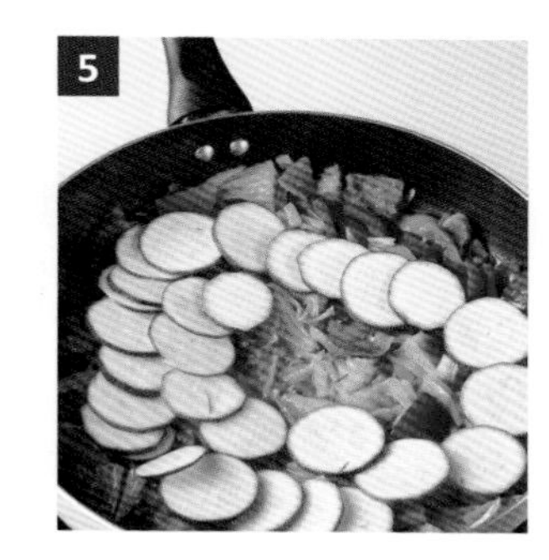

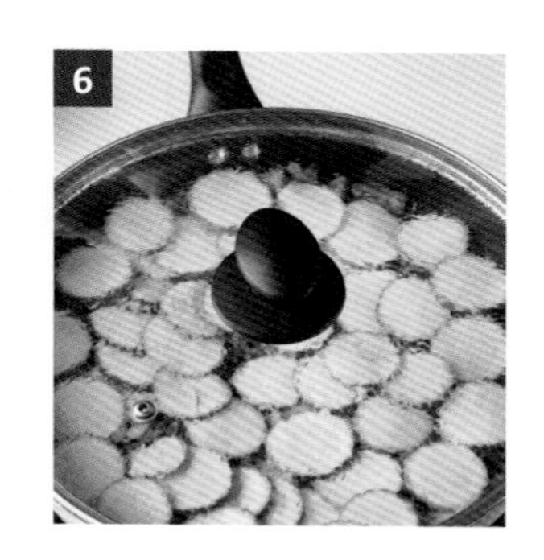

作法—

(料理前準備)麵包果先處理，方法請參閱 P202

1、熱鍋，下橄欖油，胡蘿蔔先經油煸釋放香氣，轉色後下黃紅甜椒拌炒，香氣散發後，蔬菜的香氣在橄欖油油脂中交融熟成。

2、下切好的麵包果持續拌炒，麵包果豐富的果膠有絲絲滑液，獨特的香氣遇熱釋放出淡淡乳香。

3、下一點迷迭香讓整個蔬菜的調性和諧，並加入少許鹽巴，再放入切成小段或細絲的脆瓜略加拌炒。

4、加水煨煮，水量淹過食材一半即可，蓋上鍋蓋中小火煨煮 6-7 分鐘開蓋。

5、續煮收湯汁，同時檢查並挑出麵包果的籽(籽會有苦味)，再加入適量的鹽，湯汁收到快乾時，鋪上切片的櫛瓜，再入少許鹽。

6、蓋上鍋蓋，熱鍋由中火略轉小一點，煨煮 2 分鐘左右關火，鍋子的餘溫足夠讓櫛瓜熟成，並保持鮮甜略帶脆度。上菜時斟酌淋上少許橄欖醋點韻提香，視個人愛好也可以不加。

都蘭巴吉魯普羅旺斯燉菜

- 麵包果(原民稱巴吉魯),因為外皮厚棘內層黏滑,建議戴上橡膠手套(洗碗手套可)並取一個大鍋加水,在水中削切外皮即可。麵包果的果肉切成適口大小,果核取出不用。
- 做燉菜用初榨橄欖油最適合,橄欖清香滑順能完整包覆食材鮮嫩感,又能帶出食材特性;燉菜要漂亮好吃,食材下料工序需注意。
- 脆瓜入菜帶有東方飲食的韻味,脆瓜的咬勁與麵包果絲滑口感嘗起來也很對味。用花蓮玉里的脆瓜,與花東常見的麵包果,讓這道名為普羅旺斯的燉菜,帶有法菜台灣魂的特色。
- 法式燉菜是家常菜,也是宴會菜,男女老少都喜歡。歐陸通常是沾麵包配著吃,溫熱著吃或冷涼的吃都適合。
- 這道菜若加少許橄欖醋點韻,法式味十足,又有寶島台灣食材底蘊;若不加醋,法式台魂的跨界精神,對照之下麵包果的香氣較凸顯,還能夠品嚐出脆瓜的東方韻,與櫛瓜的鮮爽,相互搭配更具有別樣的氣韻。

Σ 馬非客∞獵食尚

- ✦ 麵包果獨特的甘甜,略帶波羅蜜又混和瓜果的香氣是整道菜的主韻。櫛瓜的鮮甜,再混合胡蘿蔔、紅黃甜椒的香甜,透過橄欖油的融合,再用迷迭香、鹽及橄欖醋來催化,讓多種甜被酸帶出了各自的韻味,最後的尾韻仍是麵包果濃郁的果香,該要呼喊一聲媽媽咪亞,酸甜果韻的童年滋味又回來了。
- ✦ 品嘗這道法國名菜之前,想起了迪士尼動畫美食電影,這道由當地居民就地取材,將日常手邊的蔬果加以烹調的料理;正如電影所言,要品嘗的是「家」的主題.媽媽的味道。童年回憶的美好點點滴滴,就像兒時在原鄉都蘭糖廠隨處可見的巴吉魯,那般甜蜜難忘,和燉菜中各種蔬果撞擊出的甜酸香鮮,更是節慶派對中融化人心的秘密武器。
- ✦ 燉菜配麵包吃,歐陸客人豎起大拇指說吃到媽媽的手藝菜,台灣的饕客配著米飯也能稀哩呼嚕下飯。燉菜從溫熱吃到冷涼,不但味道不走,邊聊邊喝點怡情小酒,就不必起身再另外去準備下酒菜了,一舉數得。
- ✦ 非常適合親友團聚分享共食的燉菜,吃起來彭湃,做起來不難,最重要的是可以提前備菜,不必忙著揮汗煮飯還要招呼賓客,優雅的美廚娘只要上菜擺盤花點心思,就可以一邊勸菜一邊聊天了。
- ✦ 這道料理還蠻容易烹調的,關鍵在削皮處理麵包果得小心其黏手的特性,多種鮮蔬要格外留意火候,也正如美食電影中的結論,越平凡越難烹調。若能掌握要領,可會讓派對賓客心理的小劇場都回到純真年代,甜進心裡去的喔!

冬宮樓蘭馬告羅宋湯

— 點韻清甜芳揚雞肉蔬菜上選湯品 —

材料— 2-3 人份

雞胸肉 2 片（切塊）
洋蔥切丁 1 顆
馬鈴薯切丁 1 顆
西芹切丁 160g
牛番茄切丁 80g
馬告 6 顆

調味料—

奶油 2 大匙
鹽適量

作法

1、 熱鍋後下奶油一大匙。鍋子熱度感覺熱氣上升再下料，先煸雞胸肉，肉質較厚的部分先煎，表皮變白過色即可夾出備用。

2、 油脂留鍋續用，先下洋蔥丁足火拌炒，香氣馬上飄散，再下馬鈴薯丁快炒；因為馬鈴薯的澱粉質拌炒受熱的梅納反應，蔬菜香甜釋出，至鍋中有點黏稠感。

3、 加水 1000cc 左右，一面加水同時攪拌，蓋鍋蓋中火煨煮約 15-20 分鐘。

4、 開蓋後下西芹，再加入牛番茄丁續煮。

5、 放入先前已煎半熟的雞胸肉，並加入拈碎的馬告，適量的鹽調味。

6、 蓋上鍋蓋，雞胸肉先前已經半熟，關火燜 2 分鐘即可。

冬宮棲蘭馬告羅宋湯

- 這道以俄羅斯蔬菜羅宋湯食譜為基底，是主廚冬夜在紐約街頭喝到的湯品，帶著獨特氣韻和美好回憶的料理。
- 雞胸肉以奶油先煸香，外表過色即可，不煎熟的用意是鎖住水分使肉質Q彈，餘熱還是會讓雞肉蛋白質熟度再添一分，這種回溫的手法，法菜中慣常使用。
- 清爽的羅宋湯保持雞肉的香氣，洋蔥炒香但不可焦，硫化物的香氣與雞肉非常相應。馬鈴薯切丁，可先泡冷水，避免表面氧化。
- 做菜的點韻，關乎菜色的走向，畫龍點睛式的讓菜有鮮活的韻味。這道羅宋湯中的雞胸肉和洋蔥等燉煮，嚐起來是甘順平滑的，口感清甜，但是香氣的韻沒被滿足，加入馬告後，樟樹科種子的香氣帶點檸檬味、薄荷味和胡椒的辛辣味，這時候湯底鮮甜香揚，口舌與嗅覺滿滿的鮮美。
- 做菜點韻，若以化妝為譬喻，不是上口紅，更像是眉尾挑點線條顏色，女孩兒的嬌俏可愛傳神了。馬告在此作用，融入原有俄羅斯蔬菜羅宋湯湯底中，口感和香氣上都成為亮點。

Σ 馬非客∞獵食尚

- ✦ 對於愛喝熱湯的台灣胃，這道菜以俄羅斯蔬菜羅宋湯食譜為基底，獨特的法式俄體台魂，高雅清甜，暖胃營養，是帶著主廚冬夜在異國溫暖回憶的料理。返鄉後以奶油煸香雞為底，最後用馬告點韻，其獨特的檸檬、薄荷、胡椒辛香氣，嚐起來不但有羅宋湯的底味，更有原民奔放的熱情，氣韻完美結合風味太迷人了。
- ✦ 循著主廚旅途的中的鄉思，把棲蘭山盛產的馬告，加進了滿滿東歐鄉愁的湯品，讓原味的辛香領航，優美無誤地將各式蔬果的清甜和果香，帶往味覺反應區，還順道在添上一股芳鮮；恰如指引旅人酣暢娛悅地，在諾大的俄羅斯冬宮博物館，及時發掘最引人入勝的文物，還有充裕的時間仔細賞玩，感謝馬告的提引，讓湯品中的滋味都有了值得慢慢品味的精緻別韻。
- ✦ 湯，對東方文化中，幾乎是愛與溫暖的精華;吊一鍋上湯，是多少廚師修鍊數十年的功底，而媽媽親手調製一碗羹湯，更是蘊含滿滿的愛。
- ✦ 羅宋湯源自烏克蘭，在東歐或俄羅斯，就像咖哩在印度，地區性與家傳食譜變化萬千，其實就是料理得法的雜菜湯，歐陸慣用甜菜為底熬煮，全蔬食或加肉加菜皆可，不是只有常見的牛肉羅宋湯或番茄羅宋湯幾種商業口味而已。
- ✦ 一道易學的派對料理，可以趁機練習法式煸肉的技巧，口味豐富多元又有飽足感，輕鬆取悅賓客的胃，更含有思鄉暖心之意；非宴客時，也很適合作為家常菜，就直接將蔬菜份量加足，全雞大鍋燉煮，既可以嘗到全雞燉煮的肥潤清爽，又可以濾料後以清湯上菜，是一道高級有深度的上選湯品。

樂成

秋節慶

月暖親慈慶團圓

落英繽紛總是詩，中秋豐收的傳統印象，是爸爸舉杯邀明月（不是酒喔！），對我說故事，全家聚首吃牛排，不烤肉！父親節延伸月色暄染倍思親，記憶中佳節大餐佐故事的時刻，心中的迴響只有父親磁性的嗓音，和家人的歡聲笑語，香噴噴的牛排彷彿點綴，只想此刻奔回家，給爸爸和家人來個抱緊處理，這正是我的嬋娟家記憶。

。父親 & 中秋節 溫馨聚餐 & 月亮太美，古代文人詠月

。七夕情人節 中國情人節，期望親情、愛情大豐收！

。萬聖節 習俗和傳說真是不少，我們從歡樂趣味來辦派對

如：鬼頭刀光一個字就夠，不給糖就搗蛋，期待糖果大豐收～

和微文青歡樂馬非一起輕鬆煮～親炙家滋味 Rolf 味文青主廚指導～～

8道節慶饗宴 -- 原民香氣食材 + 跨界料理紀事 + 馬非客賞味分享

羅馬金峰粉紅珍珠假期

—洛神花玉米筍粉紅色的酸甜滋味—

材料— 2-3 人份

玉米筍 5-6 支
番茄乾 3-4 個
美生菜約 8 片
洛神花約 5 朵

調味料—

橄欖油少許
君度橙酒 0.5 茶匙
芥末子醬 0.5 茶匙
無糖美乃滋 2 大匙
鹽適量

作法—

（料理前準備）乾燥洛神花洗淨後，以 1:1 的水比例煮開；酸香氣散發即可，
不可煮過久，留取稠汁備用。

1、取大碗調沙拉醬汁，加入 2 大匙美乃滋及 2 大匙等量洛神花汁。

2、以湯匙慢慢拌勻，拉起有絲滑感。

3、加入 0.5 茶匙芥末子醬及 0.5 茶匙君度橙味甜酒拌勻。

4、蘿蔓生菜切適口大小，以紙巾或布巾稍加包覆吸取多餘水分，保持鮮脆口感。新鮮小番茄對切、番茄乾切小塊備用。玉米筍對切，平底鍋熱鍋，入少許橄欖油少許薄鹽，拌炒玉米筍，上點焦色即可。

5、取沙拉缽，鋪上蘿蔓生菜，先將粉紅色洛神醬汁淋上，加入番茄乾小丁。

6、充分拌勻後放入盤中即可，玉米筍和小番茄配色擺盤上菜。泡開之洛神花可做為擺盤點綴。

料理紀事 羅馬金峰粉紅珍珠假期

- 這道顏色美麗的沙拉，使用的君度橙酒(法語：Cointreau)是法國出品的橙味甜酒。
- 可做為餐前酒或餐後酒飲用，做菜調味也常用。而芥末子醬：濃郁辛香的飽滿香氣，帶酸的柔順口感，法式菜系應用廣泛。
- 酸甜微妙三種層次平衡，是這道菜的細緻之處；洛神花的微酸與起司搭配料理非常相合，以美乃滋的油脂來平衡，此為妙招之一；芥末子的酸，以 COINTREAU 君度甜橙酒的酒甜味來綜合，妙招之二；洛神花與小番茄同為嘗起來酸性，為增添韻味的調性，形成三層酸甜的細緻風味。
- 洛神花通常使用於洛神茶或是鹹的料理；例如洛神鴨胸，但食材取得不易，為了可以方便料理，以蔬食溫沙拉的方式呈現。而洛神非常適合搭配起士食用，若要增加飽足感，也可以切上幾片放入。
- 玉米筍略拌炒上色，鍋氣加熱帶出梅納反應，呈現淡淡烤的香氣，讓蔬菜沙拉出現不同的風格與風韻，也是溫沙拉的層次風味之一。
- 美乃滋的油脂是此道菜平衡的關鍵，帶出沙拉絲滑口感，三層次酸味得以展現。而保持食材純粹原味，是對大地最高禮讚的手法。

Σ 馬非客∞獵食尚

✦ 到底有幾重酸甜的滋味呀！？是品嘗後的第一個讚嘆，親手特調健康無糖洛神美乃滋，粉紅、歡暢、絲滑的拉開序幕，芥末子、君度甜橙、風乾番茄各種甜酸香不斷在口中重組，衝突又柔順的撫慰著味蕾，美生菜卡茲爽脆和番茄酸香軟 Q 塑造獨特口感，視、嗅、味、觸、聽五感體驗一次享受。

✦ 馬非客最愛這種看起來賞心悅目、嚐起來很可口、料理輕鬆又時尚感十足的食材。來自原鄉的食材洛神花、番茄乾都有紅寶石般的光澤，玉米筍又稱珍珠筍，樣樣都營養豐富又美麗，主廚巧手後調配後好看更好吃。

✦ 現在流行的霸道總裁電影叫 50 道灰，內容太刺激啦！掠過不表，咱們這 3 道粉紅色的酸甜滋味，彷彿走的是內容紮實的懷舊浪漫片－羅馬假期(原香版)，這次尋香公主迷失在洛神花的原鄉－金鋒，部落青年帶她經歷奇異的味覺旅行，許願噴泉變身金峰溫泉、……等，最後在這道沙拉中找到美味的『真理之口』；美麗優雅的赫本和畢克已仙隱，就讓我們透過 3 道粉紅繁複交疊出的多重酸甜，再次回味那個黃金年代，那場浪漫經典的羅馬假期，美味餘韻低迴不已。

✦ 純法式美味君度酒號稱柑橘酒界的王者之香，芥末子醬也是法料要角，透過原鄉洛神花及健康無糖美乃滋，完美的跨國界融合；馬非想表達其實配搭得當，即使身在他鄉只要一味香(鄉)韻，馬上他鄉變故鄉。

✦ 派對開胃菜洛神花沙拉，爽口鮮脆軟香兼而有之，3 道粉紅完美相映連擺盤的心思都可以省了，還輕易勾起無限談心話題，搭配餐前酒、果汁或氣泡水，做為家常宴客時的迎賓小點心也是極佳的開場序。簡捷易作的酸甜清爽溫沙拉，帶點浪漫的懷舊和鄉思感，花語寧靜、希望之洛神花，也讓人有陷入愛情的美妙聯想。

桔翠玉星甜喜色溫涼菜

—紅糯米秋葵拌大紅豆甘蔬米沙拉—

材料— 2-3 人份

紅糯米 320g(2 量米杯)
大紅豆 (罐頭)1 碗
西芹 60g 切丁
胡蘿蔔 80g 切丁
芥藍 1 小把切絲
秋葵 4 條切斷面

調味料—

橄欖油 3 湯匙
橄欖醋 2.5 茶匙
鹽適量

作法—

(料理前準備)紅糯米電鍋煮熟放涼備用。

1、熱鍋下橄欖油，下胡蘿蔔丁拌炒，炒香並且胡蘿蔔色進入油脂。

2、入西芹續炒，蔬菜要保持鮮色，火力需足。炒菜時一邊聞香，炒至蔬菜變色。

3、下秋葵。秋葵易熟，切斷面狀像一朵小花，與蔬菜丁同炒，保持鮮脆口感。秋葵的草腥味消失，香氣跳出後，下足鹽量，嚐起來鹽味比平常稍重一點，等一下拌飯味道才足。

4、取罐頭大紅豆瀝汁，以開水過水，洗去紅豆表面殘存的汁液，下鍋同炒拌勻。拌勻食材後立即關火。

5、下煮熟的紅糯米輕柔攪拌。

6、放入切成絲狀的芥藍，以餘溫拌勻紅糯米和食材釋放的油脂菜汁。慢慢讓熱氣與冷涼的紅糯米收乾。

料理紀事　桔翠玉星甜喜色溫涼菜

- 這道米沙拉料理，炒香所有蔬菜拌入紅糯米飯時，嚐起來有點像中式拌飯的味道，一旦加入橄欖醋後，糯米的甜香與醋的酸香，交織成餘韻綿綿的口感，越嚼越香。
- 紅糯米降溫放涼，慢慢淋入橄欖醋拌勻，分次少許加醋，酸度不夠再追加。紅糯米的 Q 彈香氣出色，米沙拉溫涼菜的特性在最後的醋味中完成了；以鍋具的餘溫讓食材吸附油脂，慢慢降溫，以免在高溫下拌炒，變成了炒飯 !!
- 一邊降溫一邊讓食材的味道融合，放涼下醋，米飯穀類才能吸收醋的酸香，不會因為高溫影響醋的甜味。拌飯過程大約 2-3 分鐘。熄火拌飯時，不要太用力攪拌以免壞了大紅豆和蔬菜的形狀。
- 若不使用大紅豆罐頭也可自行煮大紅豆，煮熟後拌入墨西哥香料醃製入味。
- 秋葵不要炒太熟，以免黏液釋出，拌飯時容易軟爛，影響口感。芥蘭切絲是為了保持鮮綠，在餘溫中即可吸附湯汁並熟成，吃起來風味爽脆。

Σ 馬非客∞獵食尚

✦ 繽紛豐富的食材造就了多元的口感，胡蘿蔔、西芹對一般人來說是草菁味較重的蔬果，秋葵也不惶多讓，但是用橄欖油炒香後，散發出略帶柑桔和松木氣息的湯汁，被超香 Q 的紅糯米吸飽後，再咬到棉棉鬆鬆的大紅豆，口感非常奇特，濃重的糯香暈染果木的滋味，咬到被橄欖油吸走苦澀味的芥藍菜絲，更顯青鮮爽口，尤其芥藍菜通常是肉類的好搭檔，不想連純素的米沙拉都能輕鬆駕馭。

✦ 原民喜愛的的綠色人蔘秋葵，營養豐富外，連白居易都曾在詩詞中詠嘆其獨特的美味；在此橫剖後煸炒時更利於草菁味的發散，順道吸收胡、芹的芳甜，還提供了滋潤的口感，也表現在品嘗過程的尾韻中釋放，增添其脆嫩圓滑多汁口感外的風味。

✦ 全素的地中海風健康料理，簡單易作卻料豐味美，可讓新手輕鬆作，還能喜色迎賓，更是練習煸炒及拌攪技巧的好範本，掌握得宜會更添鮮美。

✦ 很美的派對料理，胡蘿蔔、西芹一桔一綠，秋葵更像是玉做的星星，都被鑲嵌在深色琥珀般的紅糯米中，還有芥藍玉帶環翠參差其間，料理盡顯吉祥喜色，宴客誠意十足。

✦ 米沙拉這類的溫涼菜在法菜中佔居重要分量，宴客時常見，大盤豐盛地讓大家舀取分食，或者小盤精巧裝碟當前菜或飽食收尾，都非常受歡迎。米食在歐陸菜色中，不是只有焗烤、燉飯或西班牙海鮮飯等手法，以各式醋味酸香提點出穀類的甜味，米沙拉豐盛的意象，歡樂討喜，聚餐時哄著食慾不振的小朋友嚐嚐，保證吃得眉開眼笑。

蔚藍海岸馬太鞍醺鯕鰍

─樹豆肯瓊鬼頭刀南法酯醇鮮味─

材料— 2-3 人份

樹豆 160g(1 量米杯)
鬼頭刀一片約 200g
明蝦 8 尾剝殼剔腸
西班牙臘腸 50g
培根 3-4 片切丁
紫洋蔥 1/4 顆
蒜 1-2 瓣切末
芝麻葉少量

調味料—

肯瓊香料 1/4 茶匙
瓦特威士忌 1 茶匙
橄欖油適量
食鹽適量

作法—

(料理前準備)鬼頭刀撒上肯瓊香料及油，並抹鹽略加按摩，醃製一天入味。

1、 樹豆一量米杯的量倒入蒸鍋。

2、 加入蒜末、加入培根丁，若買市售已切好的培根約 3-4 片切丁。

3、 加入洋蔥末。

4、 加入肯瓊香料、水 250cc 及 1/5 湯匙鹽，攪拌均勻入電鍋蒸，外鍋加三杯水。

5、 樹豆蒸好約 8-9 分熟，取出攪拌均勻。

6、 熱鍋，少許橄欖油煎蝦兩面半熟，以威士忌嗆鍋提味。蝦子再放入電鍋與樹豆等拌料同蒸。煎蝦鮮味油脂留用，熱鍋略加橄欖油，鬼頭刀以中火煎香，鹽適量灑入，威士忌嗆鍋，加鍋蓋略蓋幾秒，以蒸汽讓魚肉軟 Q 但仍保留雙面煎香即可。

- 擺盤時，樹豆配料鋪底，上置鬼頭刀魚肉，蝦子配料作為中性平衡味道作用。樹豆配料蒸煮肉汁作為澆頭淋上魚肉，芝麻葉適量配置提味。

料理紀事　蔚藍海岸馬太鞍醺鯕鰍

- 此料理是主廚設計「改良式海鮮盤」概念，以帶有法式風情的 Cajun 肯瓊香料，將味道濃重的原民食材相合。原味香氣與油脂融合，創作帶南法風味的樹豆與海鮮二部曲，書寫出原民料理新一頁的篇章。
- 樹豆的原始風味不見得人人喜愛，以肯瓊及香辛料調理，可壓抑其特性修飾味道，與海鮮或肉類脂醇融合後，風味奧妙適口。樹豆煮熟後，香氣口感接近南法菜的扁豆，部落暱稱的「原住民威而鋼」，兼具口感與營養，且讓人覺得活力滿滿。
- 鬼頭刀或用部落味道較重的魚料理，若單用乾煎方式，魚肉表面的油脂會逼出魚腥味，在此用煎蒸並行即可避免。
- 特色材料「西班牙臘腸」是以伊比利豬燻製，微辣，蒸煮後甘鮮油脂豐厚；也可以用鹹豬肉或火腿來作替代。
- 特色材料「Cajun 肯瓊香料」源自紐奧良烹調海鮮而研發的綜合性香料，用在肉類調味上也很相合，可取代較昂貴的巴伊娜番紅花調性，但又保有南法風味的香　氣基調。
- 威士忌入菜，屬於點綴功能，取其酒精揮發誘發的飽滿香氣。

Σ 馬非客∞獵食尚

✦ 魚羶腥和豆菁味要如何處理才好呢？本道菜作了最佳示範，肯瓊香料先醃魚，也用於蒸樹豆，讓這道食材繁複的料理，找到甜香微辣的統一調性，同時也遁去了惱人的氣息，還順道結合了配料的辛香，反而把深度鮮香給跳出來了。

✦ 鯕鰍就是鬼頭刀；深受太平洋沿岸原民喜愛，生前散發迷幻綺麗的光芒，觸發了不少藝文巨作如：少年 Pi 的奇幻漂流、老人與海，飛魚的飛躍更是肇因於被牠追捕，這麼大的活動量難怪魚肉結實而 Q 彈，可惜有濃重的海腥味，所以更加不易處理，先醃漬再投入大火嗆過明蝦的油鍋，似乎光芒再起奇鮮無比。

✦ 樹豆直接拌入肯瓊香料後，就和紫洋蔥、蒜末、培根、西班牙臘腸等重口味食材燜蒸，超吸味的樹豆馬上照單全收，入口後味覺跑馬燈－甜、酸、鹹、香的辛香豆鮮味立刻湧現，搭配鯕鰍和明蝦彈牙順口酯醇蝦香，真的是海味極品絕配。

✦ 法裔移民在紐奧良的鄉愁誕生了肯瓊香料，結合滿懷原民婦女期待夫君早歸的太平洋家滋味，產生了新的跨國融合海味珍饈，好像鯕鰍再度奇幻漂流到南法蔚藍海岸，以醉人的醺香在派對上撫慰每一段鄉愁。

✦ 這料理以原民食材融合南法風格，肯瓊綜合香料層次豐富，香辛風味作為隱性基調，眾味融合且飽滿。南法菜系重視味道勝過擺盤，適合日常家廚。

✦ 絕對的功夫菜喔！主廚貼心的用電鍋示範了主婦可完成的特色料理，建議照書作喔！否則像馬非這樣沒有鄉愁的人，都要發愁了；嗆鍋和煎魚就是實打實的練功時刻啦！沒捷徑和馬非一起歡快的練習吧！

愛琴海檸檬水沙連龍鳳配

——苦瓜與橄欖的甘味人生涼拌菜——

材料— 2-3 人份

過貓 1/2 斤
山苦瓜 1/4 顆
乾刺蔥少許
去骨山雞 2 片
紫洋蔥 1/4 顆
白洋蔥 1/4 顆
牛番茄 1/2 顆
檸檬 1/2 顆
紅蔥頭 1.5 顆切末

調味料—

雞高湯 150cc
鹽適量
威士忌適量
橄欖油適量

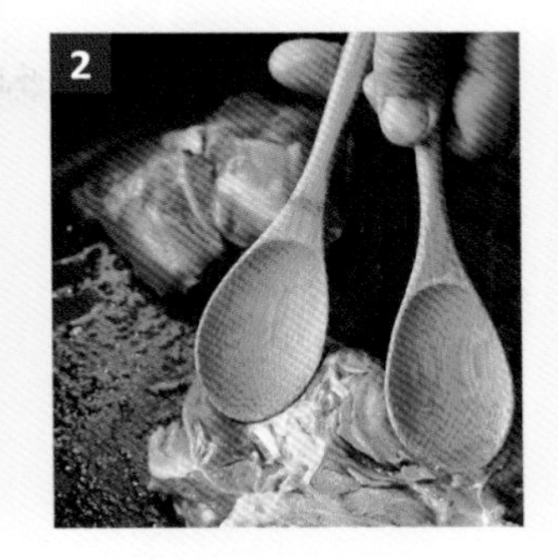

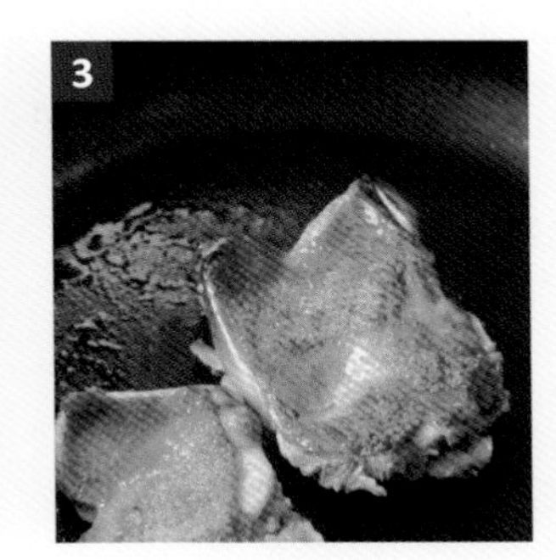

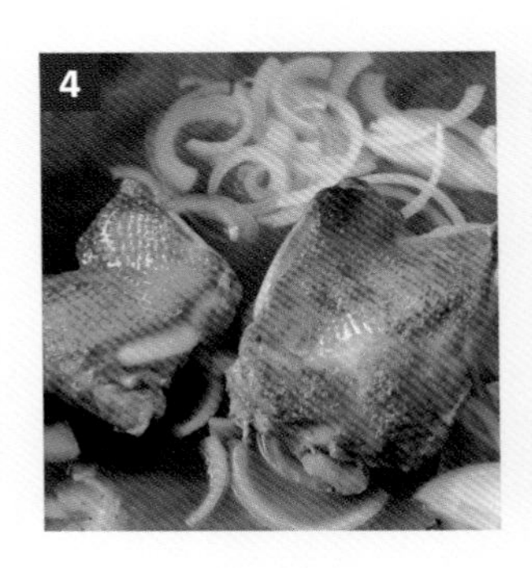

作法—

1、雞肉以薄鹽先略加按摩醃製。加入少許橄欖油潤鍋，先煎帶皮雞腿，以煎匙略按壓讓雞皮油脂釋出。這道料理也可以用一般去骨雞腿代替。

2、翻面煎雞腿肉面，再翻回煎雞皮，續以煎匙按壓（反覆幾次）到兩面上色。

3、加少許威士忌嗆鍋，讓油脂加速雞肉熟成，並鎖住水分。

4、入乾刺蔥少許，下白洋蔥和紫洋蔥炒香，再淋入一杯雞高湯，先煨煮大約 2 分鐘，水分若蒸發太快可加點水，火候維持中大火。

5、再下半顆切塊番茄，蓋上鍋蓋中小火煨煮，煨煮時間約 10 分鐘。番茄和洋蔥燜煮過程會慢慢釋放水分，鍋內有蒸汽循環的作用，雞肉不會糊底，請留意收汁不可讓鍋底燒乾。同時過貓及苦瓜以滾水加鹽，川燙約 2 分鐘撈起備用。

6、製作醬汁，取碗置入紅蔥末（新鮮小紅蔥）、20cc 橄欖油、少許鹽，擠半顆檸檬汁與微量刺蔥，略加攪拌。擺盤時將鍋中的肉汁和蔬菜撥入盤子中，雞腿切開與過貓、苦瓜擺盤，淋上醬汁即完成。

愛琴海檸檬水沙連龍鳳配

- 這是一道溫沙拉料理，善用原民食材刺蔥，其味辛香鮮明容易辨認，只需少量以免搶味。刺蔥與洋蔥燉煮鮮甜加倍，兩者都是高香食材，卻能微妙的融合，在山雞肉豐潤的油脂包覆下，巧妙的香氣風味加乘。
- 山雞肉的味道較濃，先煎讓油脂釋出再加入辛香料煨煮，加入牛番茄，取其酸香，讓酸味經過煨化後釋放出鮮甜，平衡高揚的辛香味，這是法菜在處理調性比較鮮明食材，常用的手法之一。
- 牛番茄的水分在蓋鍋煨煮時補足，其酸香化於無形，但又和醬汁中檸檬的酸互相應合，讓醬汁的酸不會太過突兀，這種隱味呼應的手法，是使料理富含深度的小撇步。
- 過貓容易取得，作配菜只以鹽過水燙熟，保持鮮綠與滑順口感，單吃能嚐出獨特的香氣，搭配刺蔥與洋蔥煨煮的山雞油汁，是使料理鮮爽平衡的關鍵風味。
- 若無過貓與醬汁澆頭豐富層次，煨煎山雞的手法顯得味道太直接，過貓的清爽鮮蔬，在咀嚼與香氣層次上，帶出法式時尚的精神。

Σ 馬非客∞獵食尚

- ✦ 在雞肉與高湯混著檸檬橄欖油和硫化辛香氣中，一口咬下，牙齒擠壓逼出山雞腿中的湯汁，多種洋蔥卻不盡是磺嗅味，而是洋蔥香帶著番茄的鹹酸甜，微抿一下刺蔥獨特的辛香隱微的汩流而出，還有一絲檸檬香遁入味蕾中，很是享受。
- ✦ 原民野菜過貓和山苦瓜過鹽川燙草菁味消失，過貓韌軟而滑順，苦瓜則是清鮮爽脆；苦瓜本就有不沾味給他人－君子菜的美名，雙重口感就著多種滋味的湯汁一起咀嚼，更別具另類觸、味的樂趣。
- ✦ 一道美麗的料理，散發森林到海島的氣息，就像是走進了水沙連的原野，野菜叢中如鳳凰般的山雞穿梭；構成了盤中龍鳳呈祥的景象，過貓則猶如玉龍般盤繞，山苦瓜似翠綠祥雲和瑞水，還漂來愛琴海小島上遍植的檸檬和橄欖香，賓客只想走進圖畫中。
- ✦ 巧妙點化辛香蔬菜的香韻，是這道菜讓馬非客最激賞之處！刺蔥的獨特辛香，下手太重容易嗆味膩口，適度的與洋蔥燉煮，鮮蔬的鮮美展露無遺，山雞肉肉質彈滑緊實，搭配辛香料是上選之作。
- ✦ 這是道需要廚藝功底的宴會菜，蓋上鍋蓋煨煮這件事，是料理基本而扎實的訓練手法，何時蓋鍋蓋，何時掀鍋蓋，常常是廚師處理菜色的不傳之密。蓋上鍋蓋燉煮，肉質與蔬菜在蒸氣循環中漸次熟成，就像你儂我儂的愛情，適度適時的聚合分離，才能恰如其分的保持新鮮又滋潤多彩。
- ✦ 馬非推薦原香派對料理，請主廚設計菜單時，就考量家常廚房的環境，不選用昂貴鍋具，僅以平底鍋加上鍋蓋就能做出大廚深奧美饌，再傾囊相授簡單又趣味的作法，人人都能上手名廚料理，歡宴饗食後絕對難忘喲 !!!

東坡法式原香燉菜

─樹豆刺蔥老薑豬五花暖胃溫心─

材料— 2-3 人份

樹豆 320g(2 量米杯)
新鮮刺蔥葉 4 片切碎
(或乾刺蔥一小撮)
老薑 4 片切絲
秋葵 6-8 根
大蒜 3 瓣切末
帶皮豬五花肉 400 克
（肥瘦比 4:6）

調味料—

波特酒約 45cc
醬油約 1 瓶蓋 10 cc
橄欖油適量
鹽適量

作法—

1、豬五花肉撒上鹽略按壓抓勻，鍋子加少許橄欖油，熱鍋時放入豬五花肉，以中火慢煎將豬肉油脂煸出，煎至兩面上色約 5 分熟。

2、放入老薑，並置於五花肉下鋪底油煎，老薑辛香味散開再放入蒜末同煎。

3、波特酒嗆鍋，提香去腥，可使肉質 Q 嫩，煮到酒氣跑掉。

4、樹豆下鍋拌炒，淋 1 瓶蓋醬油提香增色。加水蓋過食材約 3 公分，蓋上鍋蓋中小火燉煮 45 分鐘，煮至樹豆熟軟帶 Q；肉先取出備用。

5、秋葵入鍋略拌炒，蔬菜轉色即可，不要過熟。

6、放回五花肉續炒，水分收至略乾，撒入刺蔥拌勻，關火蓋上鍋蓋，餘溫讓刺蔥辛香與豬肉油脂融合，即完成。

料理紀事

東坡法式原香燉菜

- 以原民食材為基底，類似法式家常燉肉作法，跨界料理的概念不如想像中複雜。
- 若用山豬肉取代豬五花肉，老薑及波特酒要加倍的量壓腥。此道菜不宜使用豬小排，因小排味道很容易被刺蔥帶走。
- 以酒類提香去腥，嗆鍋後酒氣要散逸，才能使肉質軟嫩彈性；需要特別留心的是，酒氣發散不完全菜會出現苦味。
- 釀造醬油少許可以取代高湯的鮮味鹹味，少許淋入即可，以免搶味。
- 辛香料的點韻關鍵，刺蔥最後的增香，可帶來香氣與油脂融合的層次口感。

Σ 馬非客∞獵食尚

✦ 這道菜類似法式燉肉做法，取材原民常用的樹豆搭配五花肉（或山豬肉），香料刺蔥是原民獵到山豬時，隨手取材來醃漬豬肉去腥的食材，讓看起來像傳統的菜式，嚐起來卻是跨界料理的加乘口感，絕對名符其實的無國籍美食跨界融合。

✦ 樹豆營養價值高，咀嚼的口感彈牙生香，顛覆了一般人對樹豆味道濃重的偏見，豬五花先煎後燉煮，把肉汁精華與營養，豐盈地呈現；尤其老薑、刺蔥辛香料的表現，把肉的口感與鮮甜充分融合，一口樹豆，一口五花肉，肉鮮豆香飽滿的香氣四溢，就算不配白飯也很清爽豐厚，飽足感十足喔。

✦ 薑雖是原住民的家園植物之一，但連文豪大饕客蘇東坡都常用薑來料理，美味不言而喻，除了提味之外，在此更是發揮了暖胃健脾的作用。刺蔥獨特的幽香隱含著嗆味兒，料理的點韻不過份的烹煮，更讓刺蔥顯而不搶，喜歡獨特風味者可透過嗅、吮、嚼，將刺蔥和其他食材交互作用的餘韻細細品出，也是一種饒富興味的饗體驗。

✦ 樹豆、老薑和大蒜經波特酒嗆香的加持，五花肉及樹豆的兩種酯類燜煮後更鎖住多重的香氣，造就了繽紛的味覺釋放；在派對進行中咀嚼本道料理，如『世人皆醉我獨醒』般默默品味豐富層次的香濃口感。

✦ 秋葵雖僅入鍋略微拌炒然後蓋鍋，但料理香氣都紮實的燜煮入味，輔以原本肉汁的豐厚，非常香滑多滋又多汁，一口咬下還嚐到爆漿的樂趣，香氣滿溢口腔在兩頰間流竄。

✦ 直接將乾樹豆下鍋翻炒，除了可以更好的吸收油脂及香氣外，對於初學者也省去了泡豆的前置程序，霎時之間感覺烹調功力倍增，且更可以嚐到難得嚼勁與綿鬆兼具的咀嚼樂趣。波特酒熗鍋與燉煮的滿室生香，帶來做菜的歡樂趣味，簡易上手就能料理出醇厚的滋味，非常推薦料理生手初試啼聲。

✦ 料理乍看工序繁多，若按馬非客分享照表操課，會發覺條理分明易學有趣，而且是道紮紮實實的大菜，不但上菜熱鬧，在歡宴上饗食後勁無窮，包準賓客會猜測是五星級酒店訂購的，絕對讓主人家走路有風，誤會大廚藏在廚房裡喔！

野銀木薑子夏洛萊不思議

—馬告小芋頭與香蔬牛排三重奏—

材料— 2-3 人份

小芋頭 3 顆切丁
馬告 6-8 顆
紐約客牛排 10 盎司
櫛瓜 1/2 條切片
甜椒 1/2 顆切條狀
西班牙臘腸 5 片

調味料—

紅胡椒 20 粒
綠胡椒 20 粒
馬德拉 1 茶匙
自製青醬 1 茶匙
匈牙利紅椒粉 1 茶匙
奶油適量
食鹽適量

作法—

(料理前準備)＊ 自製青醬（作法請參考 P161 料理紀事）。

＊ 整顆小芋頭先用電鍋蒸熟(外鍋需放 1.5 杯的水)備用。

＊ 小芋頭配菜作法；小芋頭蒸熟放涼並切成小丁。熱鍋，加入奶油，入小芋頭丁炒香，加入匈牙利紅椒粉及自製青醬拌勻，此時就可以起鍋準備擺盤。

1、 牛排兩面撒少量鹽略醃。

2、 牛排入鍋乾煎，有油脂部分先置鍋底，煎到逼出油，牛肉兩面三分熟時先取出。

3、 煎牛排的油脂肉汁留鍋，入櫛瓜、甜椒及西班牙臘腸拌炒，加入適量的水略煮，使熟成並保持口感濕潤。

4、 將熟成配料取出置盤。

5、 (製作牛排醬汁)熱鍋加少許的水、入整顆的馬告、紅胡椒及綠胡椒，倒入馬德拉酒，香氣竄出時，將牛排放回鍋中，蓋鍋使香氣與牛排融合後關火。牛排約五分熟，起鍋擺盤，放上配菜並將馬告、紅胡椒及綠胡椒置於牛排上。

6、 淋上牛排醬汁即可享用美食。

料理紀事　野銀木薑子夏洛萊不思議

- 馬告是典型的原民高山香料。其氣味獨特，烹煮之考驗在於份量的多寡，以避免食材搶味或混味；主廚取其長，並且在烹調過程搭配紅胡椒、綠胡椒，整體菜色風味層次分明，巧妙又不失原味，是創意且獨特的手法。
- 夏天自製青醬口感清新，作法是以檸檬薄荷葉(或甲酸漿葉二擇一取用)約20片及九層塔，份量1:3的比例，先川燙過再切碎或用調理機絞碎，加上適量橄欖油調和做成醬汁。冬天材料可以再加上核桃及腰果增香。
- 原民日常慣食的小芋頭，以九層塔和薄荷葉製成的青醬及匈牙利紅椒粉提味，表現出南法風情的新感受。香蔬鮮甜，在菜色中屬於中性平衡的作用。
- 此料理以伊比利豬作成的西班牙臘腸搭配鮮蔬，運用煎牛排後的油脂拌炒，巧妙串聯主菜與配菜風味融合，是主廚不藏私的料理秘訣喔。若沒有西班牙臘腸，可以用市售鹹豬肉或是火腿取代。
- 馬德拉酒香，發揮融合肉汁與辛香料的微妙平衡的作用，可謂神來一筆的奧義之味。

Σ 馬非客∞獵食尚

✦ 牛排是肉品的鮮味之王，煸出鹹鮮的主味，加入櫛瓜、甜椒、馬告和小芋頭等多種配料佐食，更凸顯牛排不僅百搭，還能單獨品嘗的鮮明個性；主、配交互適口適意，創造出不同層次鮮韻，好像一秒就來到法國夏洛萊品嘗其臻品牛，次第喚起的口欲如迴旋樂曲般周而復始，能反覆重溫美味瞬間。

✦ 小芋頭以奶油拌炒，匈牙利紅椒粉及青醬搭配，表現南法情調口感，軟糯辛香，單吃就非常美味;以西班牙臘腸的鮮酯，調出蔬菜鮮甜作為配菜，搭配牛肉咀嚼口感，兼顧營養，此為第二重平衡風味；牛肉香煎，馬德拉酒的微酸泛甘，與牛肉的口感互相提鮮，加上咀嚼馬告及胡椒粒在口齒間迸發的辛香，帶來進食的嚙咬樂趣，可謂鮮甜辛香、肉蔬交融的協奏曲。

✦ 馬告全顆或壓碎入菜，釋放的風味層次各不同；花香、堅果、木質、柑桔、…等香氣兼而有之，由於珍稀通常伴隨美好回憶，是許多原民朋友思鄉解鬱的一味鄉韻。

✦ 小芋頭清新芋香口感鬆綿Q糯，和牛排搭配像超級吸味機，瓜果清甜、香料辛芳、臘腸鹹香各國風味百味齊聚，再融入各自的芋綿香與牛鮮香，新的滋味再發展又反芻如此循環的三重奏，相信連法牛精品夏洛萊，都會覺得是不可思議的美味。

✦ 宴會料理設計總希望能考慮到每位賓客，此道料理設計概念從在地出發、經歐陸、再美國小跑一圈，是繞地球一圈周到的跨界料理的設計。

香榭月眉巴吉魯溫莎豚

麵包果蕗蕎燉豬肋排香蔬滑溜膠原豐美

材料— 2-3 人份

豬肋排 1 份約 8 兩
麵包果 (巴吉魯)1/2 顆
蕗蕎 4-5 顆切片
水 600cc(約 4 量米杯)

調味料—

奶油 1 大匙
鹽適量
威士忌 2 湯匙
義大利香料適量

作法—

(料理前準備)豬肋排洗淨，薄鹽略抓，兩面撒上義大利香料，醃製 2 小時備用。

麵包果先去皮處理，切塊去籽。(請參考 P 202 麵包果處理)

1、 熱鍋下奶油，豬肋排入鍋先煎帶脂肪部分煸出油脂，兩面煎上色，至肉質約半熟。

2、 威士忌嗆鍋，高溫瞬間揮發酒精，肉質彈牙鮮嫩鎖住水分。

3、 取出豬肋排，熱鍋留汁備用，放入巴吉魯煎炒，下蕗蕎一起拌炒，半煎半煨。

4、 加水煨煮，水量加足小火煮滾，巴吉魯等蔬菜撥到鍋子中間，豬排舖在上面半煨半燉，豬肋排不直接接觸鍋底，蓋上鍋蓋，中小火慢燉 8-10 分鐘。

5、 關火不掀蓋再燜 6-8 分鐘左右，讓肉質回軟入味。

6、 開蓋後再度開火讓湯汁收乾一點，豬肋排翻面讓巴吉魯蔬菜味道更入味，待收汁完成即可上菜。

料理紀事　香榭月眉巴吉魯溫莎豚

- 肉類和奶油二部曲，美味加乘！主廚言；肥美的奶油一定要存在，沒有奶油，人生沒有樂趣！
- 巴吉魯燉豬肉（或山豬肉）加小魚乾是常見的部落料理。這道菜延伸並變化食材，以奶油和威士忌吊出不同香氣，取代中式醬汁，辛香料蕗蕎與豬肉、巴吉魯同燉，本無驚奇之處，但調整火候手法後，食材的層次完全展現。
- 燉菜煨菜時，肋排放置在蔬菜上層，蓋上鍋蓋半燉半煎，能使肉質濕潤不乾柴，避免焦底，也能充分吸附湯汁。食材豬肋排也可以豬小排或三層肉替代。
- 巴吉魯是耐火耐熬耐燉的蔬食，這道菜食材不多，靠的是利用醃製、煨煮的火候，開火又關火，燜煮又煨燉的熬出食材的精華與層次。
- 料理順序將辛香料留後，有別於一般爆香先入辛香料，是考量若先下受熱過度，會失去本身的味道，只留下爆香的焦化香氣，嚐起來單調了點；只要是燉菜或者煨煮的菜色，蔬菜下料時機攸關風味的層次，保留蔬菜的辛香鮮甜至為重要。

Σ 馬非客∞獵食尚

- ✦ 奶油的香氣當先鋒，與豬肉的油脂完全透潤，湯汁鮮美豐厚；蕗蕎變成似有若無的隱味，巴吉魯溜滑溜滑的口感，與肉的咀嚼非常對味；經過長時間燉煮及燜煨，就像你儂我儂難分難捨一對戀人，經過火候與時間試煉，油脂與蔬菜鮮甜互相幫襯，完美交融。
- ✦ 原鄉食材巴吉魯滿滿濃郁似波羅蜜和鳳梨的熱帶氣息，混和著烤麵包般的香氣，與蕗蕎的辛嗆搭配得宜，互不搶味，自然帶出法式調理的豬肉，散發出豚界貴族的鮮雅氣息。
- ✦ 花蓮月眉部落原名『阿巴落』是麵包樹的意思，巴吉魯對花東原民生活的影響不言而喻；主廚以單純俐落的法式手法，完美呈現兩款原味食材台魂法料的精神；白玉盤霎時成了部落美味展示的小舞台，豬肋排巨星般的被展示在果香濃郁的巴吉魯香榭上，撩動了無數饕客的饗食樂趣和回憶，正如古英國皇室把可口的盤客夏黑豬，將養在溫莎城堡內，還特將此豬取名為『溫莎城堡』，來凸顯其肉鮮味美的霸主尊榮。
- ✦ 以宴會西式餐桌擺盤，上菜時整塊豬肋排不切，賓客享受眾人分食的趣味，再品嘗巴吉魯燉煮後甘甜滑順，與豬肉油脂膠質醇厚的彈嫩，湯汁不收太乾，配飯或沾麵包吃，厚重濃郁加倍精彩滿口生香。
- ✦ 食材越簡單越考驗功底，醃製、燉煮時間拿捏，是高超烹飪手法表現，秀廚藝過程中香氣四溢，做菜過程與家人一同品試，才是無可比擬的美味；完成後上菜分享給滿室賓客，就是最好的派對禮讚了。

烏不踏金穗白玉翡翠香

─小米刺蔥蘿蔔煨湯 - 芫荽跳韻X醇厚苦茶油─

材料— 2-3 人份

小米 100g(約 2/3 量米杯)
新鮮刺蔥葉 3 片切末
(乾刺蔥；份量指甲片大小)
白蘿蔔 1 條切小丁
芫荽 (香菜) 葉適量

調味料—

苦茶油 2 湯匙
鹽適量

作法—

1、 白蘿蔔削皮切小丁。熱鍋，手放置鍋子上約 5 公分，感覺熱度時下苦茶油爆香白蘿蔔。開大火翻炒白蘿蔔，當轉色開始變透明，表示蔬菜吸附油脂，熟成度一半。下薄鹽。

2、 蘿蔔丁若轉成透明略軟，大概拌炒 4 分鐘左右，放入刺蔥末。

3、 刺蔥末與蘿蔔拌炒；刺蔥味道獨特，太早下辛香味散逸，太晚下太搶味。

4、 加水蓋過食材約 1 公分，以中小火蓋上鍋蓋煨煮收汁，約 8 分鐘。中途查看一下白蘿蔔狀態，水分收到半乾。

5、 下小米拌勻，再加 1 量米杯水再燉，掀開鍋蓋煨。煮到小米略軟，咬起來略帶米麩質口感，不要太軟爛即可。略涼後下芫荽調味跳韻，讓口感層次再豐富些。上菜前可以再淋少許苦茶油增加風味，菜色油亮晶瑩。

鳥不踏金穗白玉翡翠香

- 這一道辛香味素湯，白蘿蔔以份量加重的苦茶油先爆炒香，出現類似肉類的酯醇厚重口感；苦茶油的發煙點高，不怕高溫，一股獨特的茶菁香味，爆香白蘿蔔辛香微嗆的味道，又能適時適量鎖住水分。
- 苦茶油在這道菜裏就像參謀的角色，讓兩員大將可以合作無間；白蘿蔔和刺蔥各自辛香氣味調性鮮明，苦茶油煨煮的油脂讓這兩種食材調合得服服貼貼的，又能漸次釋出香氣。
- 小米熟成較快也可吸附較多菜汁，加入小米煨時，不蓋鍋蓋並保持攪拌避免糊鍋，也可讓味道更加融合入味。
- 煨菜時，水量和火候是一般較難掌握的，只要透過經驗傳承，依照工序，將食材熟成時間和口感特性逐步「吊」出來，就能料理出層次鮮明又好吃的菜色。就像下鹽或下酒的時機，都是為了讓食材的特性充分展現和相互交融。
- 煨燉菜加水時，有時不一次加足，而是分兩次加水，手法上避免食材滾爛萃取過度，中途加水一邊查看食物的狀況，一邊修飾水量火候。

Σ 馬非客∞獵食尚

✦ 不吃苦茶油、白蘿蔔、刺蔥、芫荽香菜的請舉手！不在少數的人厭棄帶有獨特氣味的蔬菜，這道半湯半料的煨湯，溫熱時嚐甘甜醇香，蘿蔔與刺蔥香氣完美和諧，辛嗆氣不見了，取而代之的是滿口甘甜清蔬。

✦ 溫涼後品嚐令人驚喜，新原香苦茶油的油脂像一道膠質濃重的湯汁，竟有肉湯的醇厚底韻，蔬菜甘甜味釋放得更徹底，不加糖的菜卻像甜湯般清爽怡人，刺蔥味冷涼時比較明顯，一口涼湯，立即喜歡上這俗名「鳥不踏」的獨特香氣。

✦ 整道菜像是珠光寶氣的巧雕，金燦的小米灑落在白玉方珠上，刺蔥、芫荽翡翠一般的存在，護眼顧味蕾呀！

✦ 台灣特產苦茶油，現在也遍布原鄉，喜愛的人直接喝初榨冷壓的油當和胃健脾養生良方，其味道有的略帶青草香、有的則是核果氣息，各異其趣。苦茶油獨特的香氣適合與氣味濃厚的菜蔬或肉類搭配；和刺蔥葉、白蘿蔔搭配，調合這兩種食材的香氣，使釋放出饕客口中的高雅滋味。

✦ 在歐陸，可熱可涼的湯料型煨菜，通常是撕著外硬內軟的麵包沾著湯汁食用，派對時沾法國長棍麵包濕潤軟糯的口感，還就著小米和芫荽金玉滿口香越嚼越旺，湯料滲著刺蔥味越發涮口，一不小心就整碗湯見天底朝空。

✦ 馬非客觀察到主廚下鹽的手法很特別，不像一般一開始下鹽，或最後下鹽，有時料理中下一次，有時頭尾下兩次，撒鹽份量時輕時重，常常表演鹽花的武藝，想起舊詩「撒鹽空中差可擬」的情景；這裡沒有因風而起的柳絮，倒是滿室生香，時有驚奇，催化熟成食材的功效在火候裏，也在那趁勢下撒的鹽花中。

富藏

冬節慶
那盤預留的大排

聖誕節，是我最鮮明的想念，因為禮物嗎？愛吃如我是因聖誕大餐囉！跌回時光迴廊看見翹首期盼的小臉，望著爸媽張羅跨國美味，招呼派對上的叔伯阿姨，一心盼私下耍小脾氣，才搶到的烤雞與大排，偏偏眼皮不爭氣，驚醒後竟只見燈明閃爍，……大排咧！現場齊空，瞬間飆淚卻見父母折返，餘光掃見媽媽盤中閃耀，是送客前預留的，這是我自己「鹽之花」佐大排最香的一刻，坐在爸爸腿上繼續享用；此生難忘的溫暖美食，那時不懂，現在想來心中一「炙」。

。光棍節許多人盛大購物的日子，也是盼望情人的降臨。
。感恩節 感恩豐收的節日，感謝大地之母的滋養，
眾人齊聚享受豐盛的大餐！
。聖誕節 & 跨年除舊佈新，喜慶團聚。回味千萬萬款家滋味，
深深觸動心底最美好「鄉思」的好時機。

和微文青歡樂馬非一起輕鬆煮～親炙家滋味 Rolf 味文青主廚指導～～
8 道節慶饗宴 -- 原民香氣食材 + 跨界料理紀事 + 馬非客賞味分享

粉鑽隱花紅袖翡冷翠

—愛玉鮮蝦白豆番茄梅之戀—

材料— 2-3 人份

愛玉 10g
蝦子 8 尾
罐頭白豆 80g
番茄丁 80g

調味料—

義大利香料微量
梅子醋 1 茶匙
清酒少許
鹽適量

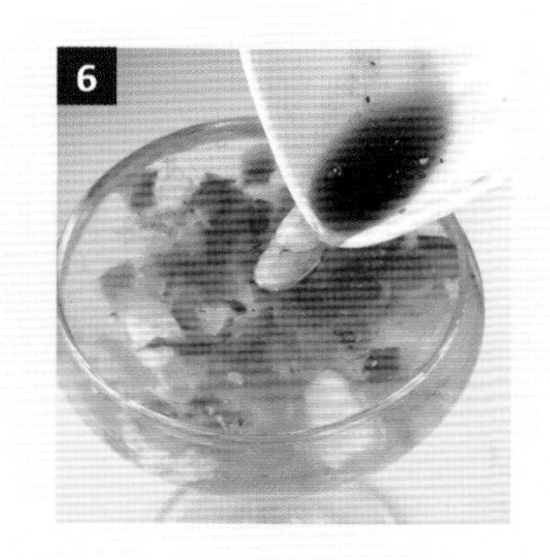

作法—

（料理前準備）* 洗愛玉子：取乾淨紗布裝愛玉子，以揉捏方式在開水中慢慢洗出，洗到紗布包沒有滑溜的感覺，愛玉的膠質溶出，靜置即可結凍。愛玉子與開水的比例大約 1:50 或 1:60。600cc 開水只需 10g 愛玉子。

* 鮮蝦燙熟：蝦帶殼川燙，蝦子蜷曲即可，不要燙太熟影響鮮甜。剝殼留尾去泥腸，以薄鹽加少許清酒略抓入味備用。

1、 取開口玻璃高腳杯，底層先下 1 匙愛玉，再鋪上幾顆白豆。

2、 取梅子醋與微量義大利香料加入拌勻。

3、 接下來下愛玉凍及食材都不攪拌，食材逐步堆疊到杯口；蝦仁 2 隻切成斷面圓圈形鋪上，再入一匙愛玉凍。

4、 鋪上番茄丁，漸次營造視覺透明感並增加品嚐的口感層次。

5、 愛玉凍鋪上表面，取一隻帶尾蝦仁剖開 1/3 掛在杯緣裝飾。

6、 最後淋上少許梅子醋，建議以小茶匙慢慢滴上幾滴即可。摘取檸檬馬鞭草或薄荷葉裝飾綠意，食用時也增加新鮮香氣。取海鹽在空中略撒微量，以帶出鮮蝦的甜味。不撒薄鹽亦可。

料理紀事 粉鑽隱花紅袖翡冷翠

- 這道創意料理愛玉不搶味的膠質凍，與鮮酯海味相合，鮮蝦或鮮小卷清燙後都是可以嘗試的巧妙搭配。鮮蝦只要夠新鮮，以清酒和薄鹽略抓，就能誘發出獨特的鮮甜海味和淡淡的鹽味，嘗起來很清爽。
- 料理前先洗愛玉子，使用的鍋子不能有油汙殘留，鍋具洗淨並用熱水燙過去油。
- 梅子醋只加兩次，鋪底與最上層，份量要輕，一邊嚐一邊加，太酸會使蝦子的鮮甜變生硬。義大利香料只是提出鮮蝦的風味，只要撒入微量即可。
- 白豆軟綿，與海鮮的鮮酯味香應合，做為底料，能增加滿足感，因為愛玉凍的輕盈與鮮蝦的海味淡雅，需要咀嚼的口感來增加食用的樂趣。
- 愛玉凍鮮蝦涼菜，清酒溶入鮮蝦肉質中，似有若無的隱味，與梅醋酸勁兒帶出鮮甜的口感，簡單清雅卻雋永，是這道跨界創意菜的精髓。

Σ 馬非客∞獵食尚

✦ 一道吸睛的小點，是主廚的妙手神韻，看似簡單，卻是考驗功底的創意食譜，視覺系的巧思，充分用隱花果粉鑽般的性質，來呈現各項食材的繽紛色彩，加上透心涼的 Q 彈軟嫩口感，佐義大利香料配鮮蝦，嚐起來鮮甜彈牙，結合青梅酸香的醋意，更勝戀愛的微妙滋味，如同踏入徐志摩的詩境中，在翡冷翠邂逅了添香紅袖。

✦ 愛玉是寶島高山特有原生植物，常被稱作天賜原民的禮物，獨特的營養素果膠質，水溶性膳食纖維可增加飽足感，並促進腸胃蠕動，再加上冰涼滑潤口感，長久以來都是絕佳的消暑解渴良方。

✦ 長久以來，馬非客都只熟悉，愛玉用於加檸檬的酸甜涼飲，沒想到與海鮮一同入菜，凍結彼此鮮美芳甘的細緻風味，會如此令人驚艷。

✦ 這是道簡單易學的派對前菜，洗愛玉子的成敗是關鍵。公開小秘訣：用富含礦物質的礦泉水或自來水過濾煮開除氯氣即可；若用 RO 純水或蒸餾水，水中礦物質稀微，洗出來的愛玉子也膠質稀薄不 Q 凍，稀稀軟軟的不成形；鍋具也不能有一丁點兒油汙，不然愛玉子可是洗不出 (果膠質) 來的喔！若是如此，這道料理就 GG 啦！

✦ 愛玉鮮蝦 Q 彈膠質的透明感，白、紅、綠與晶瑩的高腳杯，一上菜必能吸引賓客的注意力，鮮甜海味搭微酸醋味，忍不住就想來杯冰鎮白酒，清淡氣泡水或通寧水也很合拍，當然冒著細泡泡的香檳佐餐就更美妙了，就此賓主舉杯共飲吧！ Santé ！

勃根地洄瀾醉凡爾賽蝸牛

—田螺蕗蕎龍葵大蒜鑊氣酒香貴族法式—

材料— 2-3 人份

田螺罐頭 1 罐
蕗蕎 4 顆切末
龍葵切末 1 湯匙
大蒜 2 顆切片
牛番茄 1/2 顆切丁

調味料—

奶油 1 湯匙
威士忌 80cc
義大利香料微量

作法—

1、 熱鍋，下 1 湯匙奶油，熔開後下蒜片稍加拌炒，再下蕗蕎炒香，持續拌炒。

2、 香氣發散時，就可下田螺同炒。

3、 放入一湯匙龍葵拌炒均勻。

4、 中大火快炒食材，趁鑊氣十足時下威士忌嗆鍋，酒氣發散後可搖動鍋子使均勻或拌炒均勻。威士忌的量要放到 80cc(半杯量米杯左右)，讓田螺迅速吸收油脂，腥氣消失。

5、 拌炒均勻，此時已散發濃郁香氣。

6、 入番茄丁拌炒，番茄的甜酸將奶油的味道淡化，同時提升大蒜及珠蔥的辛香味。起鍋前下鹽，田螺需要吃足味道，鹽量比一般菜稍多一點兒，才能帶出鮮味。也可少許義式香料提香點韻，先下微量，不足再補，以免太過搶味。

料理紀事 勃根地洄瀾醉凡爾賽蝸牛

- 這是一道需要火候的拌炒菜，熱鍋中的蒜片、蕗蕎與田螺需要中大火快熟，但不能過熟使蒜片及珠蔥產生焦味，田螺也怕炒到乾柴，所以動作要敏捷一些。
- 法系菜色中使用奶油的底與量不少，選用無鹽奶油當油脂底蘊，讓料理只留下奶香，但卻一點都不會有膩口的感覺。
- 法國人吃奶油就像我們吃豬油，奶油和心血管疾病並無直接關聯，優質的乳酯並不會給身體帶來太大的負擔，對食材的增香有很大的作用。
- 酸味增香是法系菜色中重要的手法；這裡用牛番茄而不用小番茄，因為兩種酸香及甜味略不同，牛番茄與田螺比較搭配適口。
- 很多原民部落喜歡食用新鮮鍋牛，若能取材最佳；部落食用鍋牛做法較傳統，此料理以龍葵來平衡腥味，酸香提鮮，用足酒氣增香，這道菜既有原民的食材基底，也有跨界料理的風味，一舉兩得。

Σ 馬非客∞獵食尚

✦ 提到田螺或鍋牛料理，浮現腦海的是－頂級法國美食，及經典愛情片「麻雀變鳳凰」中，用來凸顯男女主角地位懸殊的趣味橋段，已成影史經典！殊不知，花東原鄉也將其視為佳餚，獨特美味在哪都殊途同歸，從日常家滋味，躍昇為皇家和節慶必備的美食，蝸牛甚至與干貝、魚翅、鮑魚被列為世界四大名菜，還居其首位呢！

✦ 田螺與蝸牛一般常視為可相互替換的食材，連名稱都常常混用，早期是百姓肉食匱乏期補充蛋白質的來源，肉質細膩緊 Q 豐腴鮮美，原民慣和龍葵一同煮湯。現再加上蕗蕎以法式手法奶油和大蒜一同煸炒嗆香，彷彿龍葵澀、蕗蕎嗆、蒜硫辛、茄酸甜，都是為了逼出田螺絕美的鮮而存在，美味無國界。

✦ 平民美食蝸牛，因當時法國廚神安東尼的巧思款待俄國沙皇，從此進入宮廷變成富裕、時尚和貴族的象徵，後來逢節日喜慶特別是耶誕節，家宴上蝸牛絕對是第一道菜，一個人的鄉愁造就了舉世聞名的美饌。

✦ 勃根地除了有紅酒也是美食的天堂，特別是熱銷全球的勃根地蝸牛，曾有原民藝術家旅法逢原鄉節慶時，更想念阿嬤的味道，就點蝸牛來解鄉思；曾在他鄉的馬非客都深能同感且激動不已，一絲家滋味所牽動的心澎湃。

✦ 很多人田螺、蝸牛分不清楚；簡單的描述－以水棲和陸生來區分最快，田水蝸陸，為何要區分呢？！因為田螺水棲難免腥氣重些，可酌量增加蕗蕎、龍葵、大蒜等去腥，但也得注意拿捏，若用量太多反會出現苦味。

✦ 台灣有專門飼育勃根地蝸牛，但新鮮的並不好處理，建議採購較方便美味的罐頭來烹調，就能輕鬆融合跨國界的鄉思，凡爾賽宮廷般的原香派對料理，觸動人心又令人讚嘆。

加勒比海蕉香鹿野相思紅

—山蕉紅藜小米雞胸肉香糯豐厚—

材料— 3-4 人份

山蕉 3 條
雞胸肉 2 片
小米 160g
紅藜 1 湯匙
大紅豆罐頭
(墨西哥風味花豆) 1/2 罐
烤甜椒 1 顆切丁
墨西哥綠辣椒丁 3 湯匙

調味料—

去油豚骨高湯適量
奶油 3 大匙
匈牙利紅椒粉適量
墨西哥香草鹽適量
鹽適量

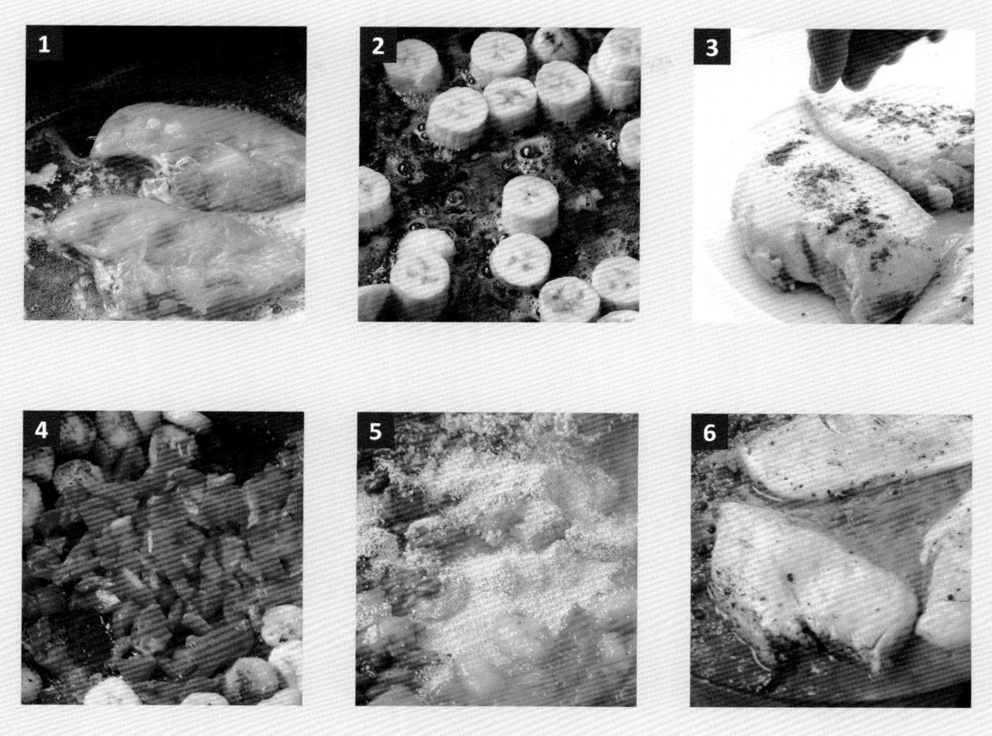

作法—

(料理前準備)* 雞胸肉先以薄鹽醃漬塗抹備用。

* 甜椒烤到外皮起泡起皺再剝皮，或用市售的罐頭甜椒(已去皮)節省作菜時間。

1、熱鍋後下足量的奶油融化，煎香雞胸肉只要表皮上色即可取出。

2、山蕉去皮切塊，以半煎半炸的方式煎香。中途先施薄鹽，鹽味入味後降低甜膩感。蓋鍋略燜一下。

3、剛才起鍋的雞胸肉趁熱撒上墨西哥香草鹽，利用餘熱略醃靜置備用。

4、山蕉煎至噴香表面呈金黃焦糖色時，入紅椒丁拌炒，再蓋鍋燜煮一下。同時將撒上香料的雞胸肉拿起，均勻抹開墨西哥香料，再加入適量的匈牙利紅椒粉一起抹勻醃漬備用。

5、放入大紅豆拌勻，再加入小米拌炒，加入去油豚骨高湯或水約 150cc 煨煮，再下紅藜拌炒，讓油促熟入味。

6、雞胸肉再次入鍋鋪在底料上，蓋上鍋蓋文火慢煨，5 分鐘後入綠辣椒泥，持續攪拌，收汁完成關火燜，鎖住肉質鮮甜酯味。雞胸肉不要燜煨過老，大約八九分熟，搭配稠糊厚醬吃起來才對味。

料理紀事 加勒比海蕉香鹿野相思紅

- 這道料理是簡易版的節慶歡宴菜，選用質佳合適的替代食材；烤甜椒罐頭、大紅豆罐頭(墨西哥風味的花豆)及去油豚骨高湯等，即可在30分鐘內，從容優雅地完成美味的精緻菜餚。
- 香蕉等棕櫚科食材，營養豐富，在南美、非洲很多國家是重要的主食，若以動物油脂煎或炸，澱粉酶焦糖化後營養成分更容易吸收。
- 山蕉與芭蕉特殊的香氣，搭配雞胸肉較少油脂的軟嫩，相得益彰。墨西哥香草鹽，讓雞肉增加香氣且肉質鮮甜度提升，肉腥味去除後，山蕉風味更容易入味。
- 雞胸肉不一次煎熟，是為了讓蛋白質的熟成有溫差，避免乾柴和味道單一；中途以墨西哥香草鹽醃製入味，鹽分以餘溫沁入，受熱後香料還有讓雞肉表面上色的作用，淡淡橘黃與象牙白雞肉，看起來可口又賞心悅目。
- 此道菜山蕉化作菜的底蘊，小米和紅藜的口感才不突兀，加上花豆燉煮，煎雞肉留下的油脂與奶油的脂香融合，最後的墨西哥綠辣椒丁，微微辣口一點辣韻在香糯中跳出，微妙之處不言可喻。

Σ 馬非客∞獵食尚

- ✦ 超級拉丁情調的法式美食，一入口強烈的蕉香盈滿口腔，香蕉泥結合雞胸奶油及高湯吸飽了所有食材的氣韻，搭配蕉果味使料理香氣濃郁口感圓潤，咀嚼經烘烤薰香的紅椒丁，早已融入香料和花豆沙渾厚的鹹馨糯香，搭配墨西哥綠辣椒的青草辛芳，繁香匯集在舌上跳探戈，味覺像徜徉在加勒比海的陽光下，是熱島氣息的鄉韻。
- ✦ 蕉泥小米香滲入豆蕉甜與紅藜澀添了幾分爽利的口感，整體甜馥而不膩口，一口鮮嫩的雞胸，不乾柴又吸足了醬汁，飄著妙不可言的濃鮮原鄉家滋味。
- ✦ 原鄉家喻戶曉的香蕉飯，原是為了讓獵人勇士便於攜帶止飢的巧思，Q彈酸甜中寄託著盼君早歸的濃情，這對家人關懷的念想，才是香蕉飯最動人的一味香，以此為思鄉的派對跨界美食，怎不令人期待！？。
- ✦ 這是很討喜的節慶料理，豆類的混合運用，讓我們移情到相思，也可以看作是思鄉，除了增添異國風情的甜酸綿香，與紅椒聯手輕易成就了一片嫣紅的相思，美麗又美味。
- ✦ 宴會料理準備的共通法則；提前預作與後段熟成緊密搭配，即可風味交融加乘；，歐陸辦趴常是露天或半室內亭臺處，加上天氣較涼，菜色最好冷熱相宜。這道山蕉藜米雞胸肉，豐厚飽足營養可口，老少咸宜，冷熱都好吃，在地食材添少許異國香料巧妙妝點香韻，以分食共享的概念盛菜，誠意盛宴的心意，吃在嘴哩，甜在心底。
- ✦ 料多工序也不少的派對菜，留心入菜的時間，即可愉快地跟嘉賓一起味覺旅行，從鹿野到加勒比海，品味熱島鄉愁的絕佳綜合體。

樂水黑皮諾香檳阿韋龍

——紅肉李法式羊排；馬告點韻蔥蒜奶香酸甘彈嫩——

材料— 2-3 人份

帶骨小羊排 4 份
紅肉李醬 2 茶匙
馬告 8 顆
大蒜切末 1 茶匙
洋蔥切小丁 1 茶匙
馬鈴薯 1 顆留皮切塊
沙拉葉適量

調味料—

奶油 1 大匙
威士忌適量
鹽適量

作法—

1、 羊排以鹽略抓入味，熱鍋後下奶油，先炒香洋蔥丁，再下大蒜茸末略炒。

2、 羊排下鍋，厚實部分先煎。

3、 小火慢慢煎熟肉的其他部位煸出羊油。羊肉油脂漸漸由羊羶味轉成香氣。洋蔥和大蒜在鍋中漸次上色，先取出備用。

4、 羊排油脂煸出，火爐轉中火讓羊排煎香表面焦化上色，下威士忌嗆鍋，蓋鍋燜1分鐘關火。

5、 取出羊排，鍋內續收汁，以中小火熬煮醬汁，入馬告8顆不壓碎下鍋煸炒，再放入之前煸香的洋蔥大蒜，加約80cc水煮融合香氣。

6、 先關火，下紅肉李醬2茶匙拌勻，拌勻後再開小火，略煮即可完成醬汁。

(製作配菜)馬鈴薯刷洗乾淨，留皮切適口小塊丁，以熱鍋下鹽巴乾煸，煸炒出澱粉質的梅納反應香氣，輕微上色時表皮稍皺縮，白色澱粉部分半上色；馬鈴薯半熟，加1/3杯水中火燜煮約3分鐘，水快乾時關火即熟成。擺盤準備沙拉葉、撒上一點橄欖油調勻即可。

樂水黑皮諾香檳阿韋龍

- 這道料理用奶油將大蒜洋蔥先煸香，可壓抑過重的羊羶味，並將其轉化成香氣。羊排以小火慢慢煸出油脂，保持肉質彈嫩，充分掌握羊肉的熟成與轉化。做菜的油脂留作底料，不必頻繁洗鍋子，又能使各食材的香氣加乘，省事省力又好吃。
- 以威士忌嗆鍋鎖住肉質鮮甜，嗆鍋後蓋上鍋蓋以餘溫半燜半煎后關火，是讓肉質回軟透熟的小撇步。煸香羊排時上色焦化，表面較硬實，關火燜煎的步驟讓肉回軟後油脂更能入味。
- 下紅肉李醬時須注意火候，先改小火拌勻醬汁立刻關火，使醬汁融合不走味。
- 有肉的主菜，食慾大開免不了想吃點澱粉質增加飽足感，加鹽乾煸馬鈴薯再煮熟，是一道很簡單又可口的配菜。
- 以奶油料理肉類，蛋白質轉化熟成度夠快，肉的光澤與上色度更漂亮。奶油選擇高品質的天然奶油，對食材烹煮有加分作用，劣質奶油有油耗味，氫化人工奶油嚐起來口感香濃油膩，對健康更是一大隱憂。

Σ 馬非客∞獵食尚

- ✦ 鮮字羊占了一半，這是羊排一入口後，直衝腦門的感覺，也太鮮酸蜜香了吧！蔥丁蒜茸草炒香後，逼走了羶保留了鮮，還讓紅肉李醬的酸甜隨辛香奶味一同佔領羊排，才含在嘴裡就『鮮』進心裡，咀嚼中不時咬炸了樟芳木香的馬告，除了軟硬錯落的口感趣味，更在酸甜肉香中硬加一味 — 爆香。
- ✦ 原民的樂水部落常舉行紅肉李相關活動，當紅肉李到達完美熟度時吃起來酸脆爽口，盛產季做成紅肉李醬、紅肉李酒，有人形容紅肉李有法國嫩版『勃根地黑皮諾』的味道；這種矜貴的葡萄品種，幼時便具有櫻桃和黑醋栗的清新味道，被定為香檳區的法定品種，提供了在香檳酒中的新爽微甜感！主廚別出心裁的用小火加熱紅肉李醬，真有一種香檳醬羊肉的感覺，連聞起來都有莓果的馨香，質感倍增。
- ✦ 南法阿韋龍省有一款三 A 羊，飼育方式被列入文化遺產，堪稱羊肉界的勞斯萊斯鮮美無比，也身價不斐；紅肉李醬大膽入菜法式羊排，竟然好吃到羊羶都不見，只留彈嫩多汁鮮美異常的肉質口感，在甘醇微酸的原香滋味中，可略微比擬體會一下三 A 文化遺產，飼育出的羊有多鮮美，驚喜又滿足。
- ✦ 帶骨羊排猶如美女的纖蔥玉手常被稱為美人指，上菜時特別奪人目光，再加上紅肉李醬的胭脂妝點，秀色可餐莫過於此！
- ✦ 貌似很容易掌握的技巧，往往存在意想不到的訣竅；看來別炒到焦糊就可輕易上菜的羊排，在每次下鍋起鍋之間就決定了是否彈嫩的口感，還是要練習喔！
- ✦ 原住民朋友常有機會享用山珍野味，其實細細品味羊和羌，頗有異種同味的情調，這道色香味俱全的派對料理，會讓您想重新定義對羌肉的印象。（註：部份羌肉可合法使用）

左岸織羅黑金歐蕾伊比利

—咖啡葛鬱金法式深吻鮮腴巧妙香韻—

材料— 2-3 人份

中焙咖啡 50cc
葛鬱金粉 1 小匙
帶油脂豬里肌
120-150g
甜椒切丁 1/2 顆
櫛瓜切片 1/3 條

調味料—

奶油 1 大匙
義大利香料適量
匈牙利紅椒粉適量
鹽適量
威士忌適量

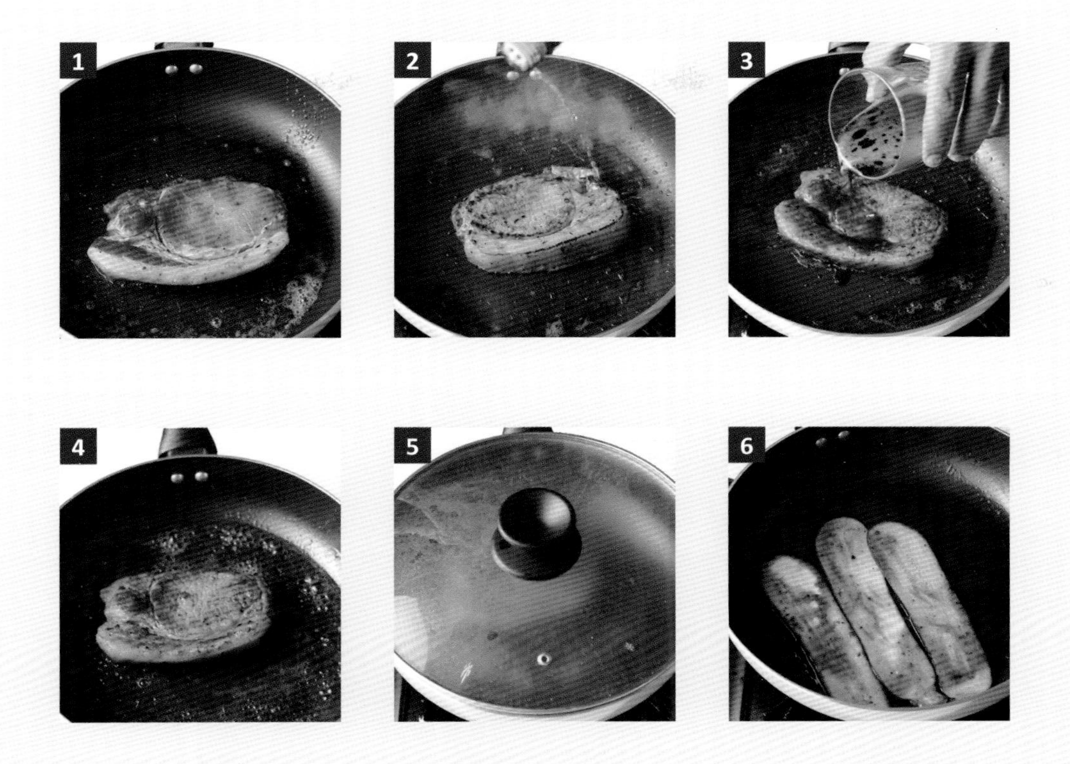

作法—

（料理前準備）＊帶油脂里肌肉，先以薄鹽、紅椒粉及義式香料醃製 3 小時備用。

＊中深烘焙咖啡先沖煮好約 50cc。

1、熱鍋放入奶油，里肌肉入鍋煎兩面上色。

2、以威士忌大火嗆鍋，讓酒精蒸發。

3、放入咖啡約 50cc，咖啡一下鍋即香韻入味，將豬里肌起鍋備用，加入少許水與醬汁攪拌均勻。

4、將豬排放回鍋中。

5、蓋上鍋蓋以小火續煮，大約 15 秒即可。

6、櫛瓜切片略煎上色，取出後捲起，甜椒切小丁或適口大小，與醬汁拌炒入味，淋上少許醬汁當配菜。鍋中留有醬汁，以少許葛鬱金粉水勾薄芡，下鹽調味，勾芡完成淋上醬汁完成擺盤。

左岸織羅黑金歐蕾伊比利

- 豬里肌先以紅椒粉和義式香料醃足 3 小時，降低其肉質的腥羶味，咖啡才能順利的入味。
- 咖啡入菜取其香韻，適量並且不可久煮，通常是點韻的手法；否則容易釋出苦韻，強烈影響食材的特性及口感。
- 勾芡的手法應用得宜，香鮮稠厚，天氣冷寒時可保溫，包覆醬汁的油亮感，也可誘出食材的鮮味，掌握的要訣是輕手寧少；不論用葛鬱金、番薯粉或是玉米粉勾芡，食物溫熱時較稀，一旦冷涼則稠度增加。
- 原鄉的葛鬱金粉勾芡，可留住醬汁的味道，咖啡屬於比較容易香氣散佚的味道，若咖啡味道不足可再略加增香，並以肉汁調和加上勾芡，留住其香韻。
- 鍋中留汁的手法，免除一再洗鍋、換鍋具的麻煩，將食材釋出的肉汁、菜汁一層層的漸次入味，配菜的甜椒及櫛瓜的菜汁，可以增加咖啡醬汁的整體甜味。

Σ 馬非客∞獵食尚

✦ 雖說咖啡入菜不是新鮮事兒，但是作法簡易明瞭又能保存其香韻，卻不容易，馬非大推的這道，嚐起來鮮甜香足，口感滑嫩的咖啡料理，入菜取其香韻，點韻得宜，作為派對料理非常令人驚豔，風味出跳入口難忘。

✦ 咖啡鹼與茶鹼一樣，都有促熟肉類蛋白質的作用，也可以保存其彈嫩口感，加上先前香料醃漬及奶油煸炒修去豚羶味，黑咖啡尾韻的木質香帶出了豬肉的鮮甜，法國奶油碰上咖啡及熟成的豬里肌，就像巴黎左岸咖啡歐蕾，在盤飧中法式深吻鮮腴，華麗變身彷彿伊比利 Bravo ！

✦ 1884 年英商在新北三峽試種是台灣咖啡的濫觴。由於氣候合適日據時期曾推廣栽植，一度沒落，在食安意識及碳足跡減量的風潮中應聲鵲起，中台灣以阿里山和古坑最知名，南台灣屏東大武山麓等七個產區也是重要產地，咖啡的常民美學普及大街小巷，因為地形風土的關係，很多好咖啡幾乎都在原鄉部落間。

✦ 織羅部落近來每年都有葛鬱金節；原民口中念念不忘的兒時記憶，是與阿嬤的下午茶時間；兩餐間寵溺愛孫的阿嬤總會準備，煮熟味道介於地瓜和芋頭之間綿鬆微 Q 的葛鬱金，瞞著大人給小朋友解饞，還幫忙把風呢！刺激又溫馨的祖孫午後時光，是葛鬱金贏得『阿嬤的零食』美譽的原因，更是甜絲絲的家滋味。

✦ 葛鬱金生吃也可味道像玉米和甘蔗，也是最天然的原民勾芡粉，原因經濟考量多已棄作消失在部落，食安風暴後關注再起，陸續復耕中；在此收為料理醬汁把咖啡、奶香、肉鮮收合為一，再飄阿嬤的滋味，心已熱。

✦ 時髦的咖啡用盤子吃，還能變身精品豬的口感，再加上想念親人濃得化不開的鄉韻，又健康自然，很快就能輕鬆上菜的派對料理，烹調時就滿室生香，派對中絕對話題不斷。

巴黎豐濱不花伯爵太妃笑

─山蕉牛肉鮮蔬歐法原味三明治─

材料— 2-3 人份

山蕉 2-3 條對半切片
牛肉片 1/4 盎司
洋蔥圈適量
沙拉葉數把
起士片 4 片
厚片土司 4 片
配菜：洋蔥丁沙拉葉、番茄丁

調味料—

奶油 3 大匙
匈牙利紅椒粉 2 小撮
威士忌 1 湯匙
白酒醋 1 匙
梅醋 1/3 匙

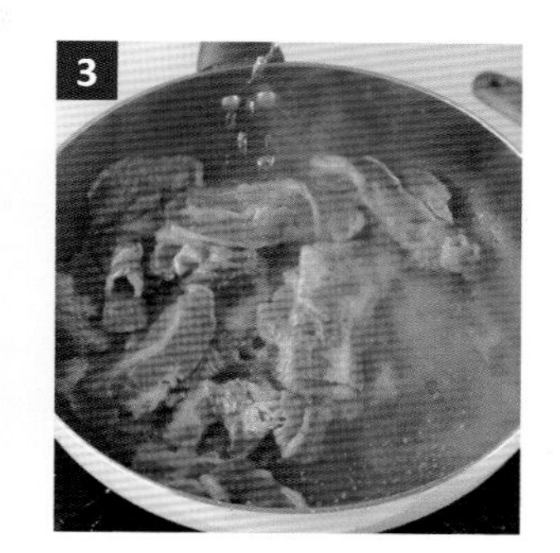

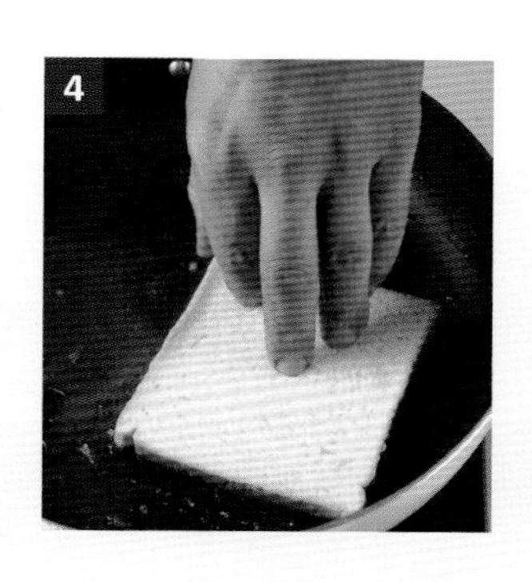

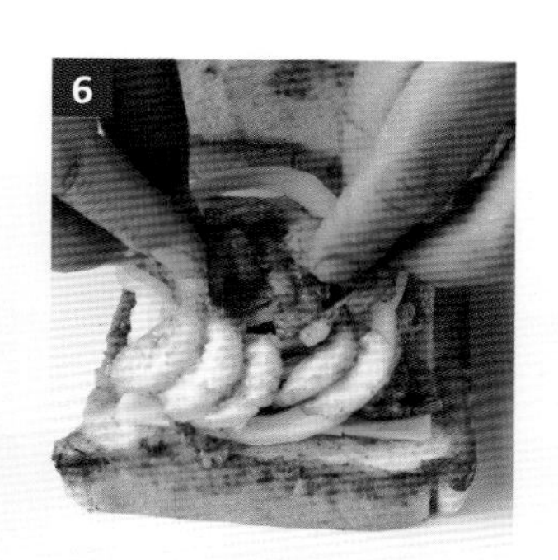

作法—

1、 平底鍋熱鍋，3 大匙奶油融化後，煎香切片山蕉，略加拌開不壓糊，山蕉充分吃進奶油後，灑下 2 小撮紅椒粉。
2、 中火煎香山蕉呈現漂亮的焦黃色。
3、 油脂留鍋，下牛肉片拌炒；中大火候，薄鹽花均勻撒下，威士忌約 1 湯匙嗆鍋，炒到八分熟，牛肉起鍋備用。
4、 鍋中留存的奶油和牛肉油脂，取厚片土司逐一沾取上味備用。抹乾鍋底油脂後，再乾煎吐司，讓吐司咀嚼時有濕潤感和油脂香氣。
5、 鋪平吐司，逐一加上起司片、鋪上牛肉片、洋蔥圈。
6、 再鋪上山蕉和適量的沙拉葉，插好竹籤對切，擺盤上菜。
   配菜準備；沙拉葉略切、洋蔥丁、番茄丁及煎香的山蕉舖盤。用煎山蕉留下的油脂，加少許白酒醋和梅醋拌勻當醬汁，蔬菜淋上醬汁，單獨盛盤當配菜。

巴黎豐濱不花伯爵太妃笑

- 這道菜的奶油要下得足，初段山蕉吸附奶脂香，與牛肉混和後，兩種油脂釋放出另一層滋味，吐司要沾取上味後乾煎；若是奶油量不夠，這道三明治飽滿甜潤的特色就減分了。
- 山蕉入菜，選青皮初熟的香蕉以保留清新香氣，嚐起來有點澀還未熟成的香蕉最適合，過熟的香蕉煮起來容易膩口軟爛；均勻細灑紅椒粉，提升山蕉飽滿的香氣，降低甜膩感，引出香蕉另一層醇厚的甜味。
- 香蕉煎熟後，遇熱會稍微融化，鋪上吐司時，剛好與牛肉的熱氣交融。所以煎香山蕉時，切片只要撥開不要壓糊，保留香蕉在三明治中的塊糊狀口感，吃起來很有樂趣。
- 歐陸吐司上色上味，不以烤麵包機處理，而是料理中菜譜的油脂，先上味濕潤麵包，再乾煎上色，吃起來軟硬適中，層次分明，不會有烤麵包機的乾澀感，別有復古風味。
- 尤其製作多層法式麵包時，烤麵包機烤出來不是不夠味，就是水分乾而過硬，堆疊時吐司容易碎脆。
- 生洋蔥圈爽脆口感，降低山蕉煎熟後的甜膩感，洋蔥硫化物的香氣在咀嚼時能提升牛肉的甜味，配韻的手法，是這道菜不可或缺的關鍵秘訣。

Σ 馬非客∞獵食尚

- ✦ 營養滿點，香氣誘人的山蕉牛肉三明治，料理時滿室生香，引人食慾大開，尋香而來忍不住抓起厚實的三明治一口咬下，山蕉和牛肉的香氣完美結合。加了紅椒粉的山蕉，煎熟後略生澀帶軟綿，吃得出清新的香氣，飽滿的奶油包覆後，迸發不思議的醇美甜味，原來香蕉和紅椒粉如此速配啊 !! 生洋蔥爽脆口感喀滋跳出，連沙拉葉都是鮮甜爽口的在口腔中跳舞著。
- ✦ 原鄉豐濱蕉在法國奶油煸炒下，有股太妃糖的甜香氣，匈牙利紅椒粉助攻添辛香好顏色，是太妃微醺的笑著，還是加了傳承的好味道！？
- ✦ 三明治以發明伯爵的領地來命名，與伯爵茶異曲同工，現已成家常料理；不花則是譯音於蒙古語中的牛肉，更呼應了馬非探原鄉追求自然香的本意，好食材無需花俏的包裝；二者合一，歐法式三明治，成了巴黎來的不花伯爵，卻散發媽媽煮的家滋味。
- ✦ 派對上即便三明治放涼了，牛肉油脂足韻的口感更鮮明，跟熱騰騰的吃相比，山蕉和牛肉油脂香氣更明顯，有一種凝脂冷香的滋味，曼妙又甜潤，吮指回味都不足以形容其意猶未盡的享受。
- ✦ 配菜中的醬汁做法簡易，與三明治的調性互相呼應，白酒醋和梅醋的酸香與煎山蕉留下的奶香融合，吃完豐碩飽滿的三明治，解膩爽口鮮甜的配菜沙拉單吃也是一道料理，在宴客時好像又多了道開胃小菜哩！

巴斯克太麻里芙蓉暖湯

—洛神老薑絲羊肉湯酸甜鹹香辛五味俱全—

材料— 2-3 人份

洛神花 4-5 朵
老薑絲 4-5 片切絲
冷凍羊肉片 200 克
蒜頭切片 5-6 顆

調味料—

清酒 (或米酒)1 杯
義大利香料兩小撮
鮮奶油 50cc
* 橄欖油 1 大匙
* 若使用「溫體羊肉片」替代「冷凍羊肉片」，需用橄欖油作法請參考料理紀事

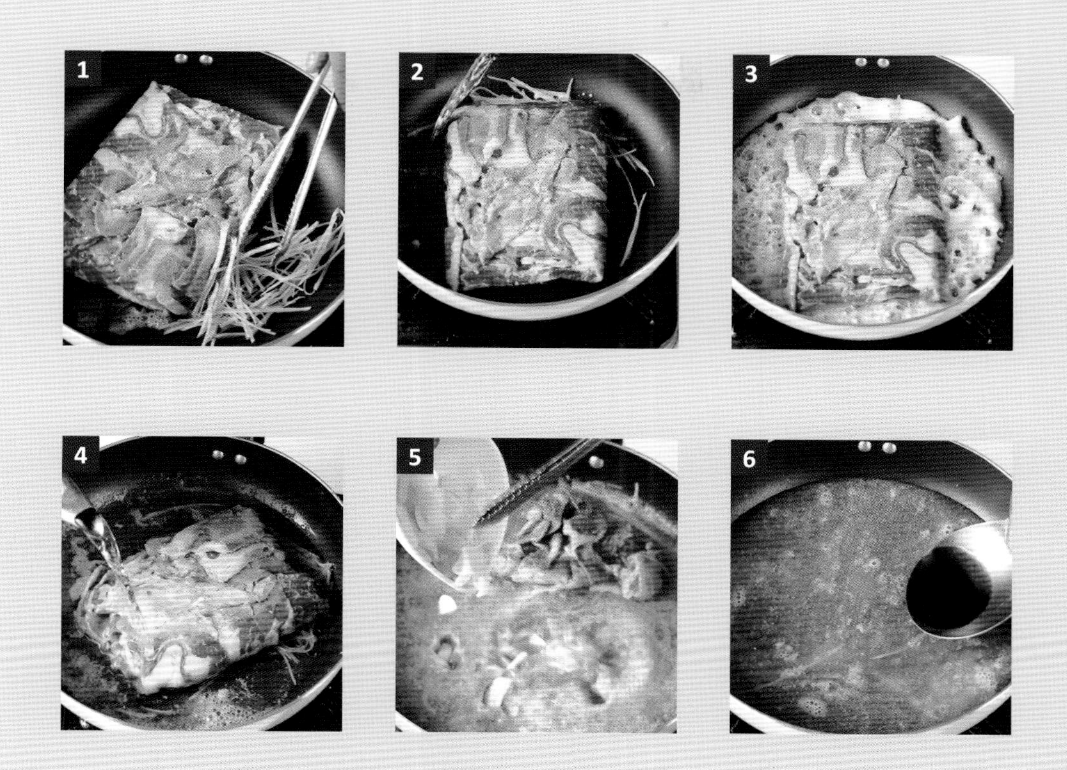

作法—

(料理前準備)洛神花以 300cc 水煮稠汁備用。

1、 取出冷凍羊肉片入鍋，肉片受熱從外緣先熟，加入老薑絲。

2、 下清酒 1 杯嗆鍋。

3、 略煮，已受熱部分肉片慢慢撥開。

4、 加入 3 杯水大火煮開，以涮煮的手法，煮到羊肉蜷曲快熟即可。

5、 加入蒜片與老薑絲同煮，略煮出味，全部羊肉涮好撈出備用，浮沫以湯匙撈出，以免雜味混濁。

6、 加入洛神汁約 300cc 同煮，酸香跟油脂融合後下鹽，撒下義大利香料，拌煮均勻湯汁，取篩網濾掉蒜頭、薑絲、洋蔥等辛香料，讓湯頭清澈乾淨，一煮滾即熄火，淋上鮮奶油拌勻，美麗的湯汁淋入湯盤上的羊肉即可上菜。

料理紀事

巴斯克太麻里芙蓉暖湯

- 以法菜的概念，取材台灣本土食材，料理時間短，手法簡明，帶有跨界的樂趣。洛神花的酸香當主調，最後以鮮奶油修飾酸味，提升鹽味與肉質轉化出來的甜味，帶有法式菜的情調、福爾摩沙風味的湯品，輕鬆完成。
- 主婦作菜常遇到時間不足解凍食品的情況，這道菜示範羊肉片如何從冰箱取出立即料理，以涮煮方式與香料及洛神汁巧妙搭配，成為色香味俱全的湯品。
- 此湯品若使用溫體羊肉；其做法，為熱鍋後淋上少許橄欖油，羊肉片快炒表面上色約 3 分熟，以清酒 1 杯嗆鍋，夾出羊肉備用。鍋中油脂留用。炒香蒜片薑絲加水同煮，加洛神花稠汁與義大利香料。後面的工序同上。
- 泡開洛神花可當擺盤裝飾。
- 清酒與義大利香料隱遁入湯壓羶腥提香，蒜頭薑絲也有去腥作用，品嘗時味道仍然鮮明，做為底蘊，襯托洛神花的酸香。
- 不管是常溫肉或冷凍肉煮湯，肉都不要過老，以煎炒或涮煮於半熟的程度取出，鍋中油脂煮辛香料，出味後再濾出雜質，湯品嫩清爽。

Σ 馬非客∞獵食尚

✦ 薑、蒜是料理去腥羶的好搭檔，直接和冷凍羊肉片一同水煮再入洛神，薑樟檸香、蒜硫辛香搭配洛神酸香，還以法國鮮奶油修飾的神來一筆，讓湯圓潤帶有奶白香氣，酸、甜、鹹、香、辛五味具全，真是大補又清爽的一道美味湯品。

✦ 巴斯克在歐洲是人文薈萃又特殊的存在，也是西班牙米其林餐廳密度最高的地區，對吃得講究自不在話下，曾掀起一陣新巴斯克美食運動，將最傳統的食材再創作，不同美味激卻發心底家的滋味，動人！尤其是聞名遐邇的庇里牛斯羊天然鮮香，正是馬非客品嘗這道料理的『心』滋味。

✦ 原鄉太麻里溪、大武山一帶山青水秀，提供洛神花絕佳的成長環境，流域的金鋒鄉定期舉辦洛神花季；盛產期大家聚在一起去洛神花籽，主人家備點心餐食像辦派對，懷著部落生活的美好回憶，更讓芙蓉色暖湯多了味－家香。

✦ 羊肉，愛者恒癡，怕者避而遠之，羊肉料理滑嫩不柴又要油脂噴香，是有點功底的掌廚才敢嘗試的食材。掌握關鍵秘訣，羊肉半熟回溫，留取油脂與辛香料入味，濾出菜料與雜質讓湯品清爽等小撇步，讓派對料理秀色滋味均可餐。

✦ 忙忙忙！有時間做菜？何況有點難度帶腥羶的羊肉呢？芙蓉暖湯，10 分鐘即可上菜，馬非客在家試作，招待愛吃羊肉的好友，大夥兒還以為黎明晨起吊高湯，才有這等滑潤清爽的湯品待客。答案揭曉時，驚聲四起讚聲不絕！

✦ 熟悉的食材組合加一味，不常的慣用煮法加一手，詩意的描述－矛盾的綜合體，鮮香的極大值，這不是創新美食，什麼是？！馬非跨界融合獵食尚莫過於此。

雅典娜太巴望大驚奇

—紅糯米橄欖蘿蔔乾醋香米沙拉—

材料—

紅糯米3量米杯
蘿蔔乾 35-40g
醃橄欖 10 顆
橄欖醋 20cc
橄欖油 100cc

料理紀事 **雅典娜太巴望大驚奇**

作法—

- 自然日曬蘿蔔乾切丁，稍浸水去除多餘鹽分，瀝乾。醃橄欖切小丁備用。
- 熱鍋後下足量橄欖油炒香蘿蔔乾，香味釋出時放入紅糯米（不洗米）乾炒，以油脂包覆米粒，火候中火不斷翻炒促熟。
- 大約翻炒 10 分鐘後，加水約 30cc 蓋上鍋蓋，轉小火燜蒸一下。
- 開鍋蓋續翻炒，米粒外表變色變黏糯，但米粒心仍微有硬實感，再下醃橄欖拌炒拌勻，再蓋鍋蓋燜煮，小火注意不要糊鍋，過程要不斷炒米粒。
- 等米粒心稍透，仍保有一點硬蕊，調理薄鹽。
- 起鍋，以湯匙利用餘溫撥鬆紅糯米降溫。降溫到手感不燙時，再慢慢拌入橄欖醋（任何果醋、紅酒醋、自然釀造陳醋皆可）

Σ 馬非客∞獵食尚

✦ 紅糯米最著名的產區在花蓮太巴望，是受到天神祝福的食物，更是近年當紅的本土原生作物，含有豐富花青素，為天然的抗氧化物。

✦ 黑橄欖入菜自古有之，其味甘而酸，對料理常有畫龍點睛之效，維生素 C 及鈣含量很高，能通氣潤肺，入菜易被人體吸收。橄欖醃製後營養價值不減，反而熟成出迷人的香氣，屬於菜色中埋伏神兵之流，雖然常常神龍見首不見尾，卻是風味層次的關鍵一把手。

✦ 蘿蔔一直是原住民部落在友善自然耕作農法下過渡期的作物，新鮮吃微辛甘鮮甜，製成蘿蔔乾則是鹹鮮醇香，換耕時還有部分可留作綠肥，果真是上天送的大禮。

✦ 據說橄欖是天神雅典娜送給雅典人的禮物，紅糯米也是上天眷顧百姓的禮物，再加上鹹香萬用的蘿蔔乾何嘗不是禮物；跨界融合的美妙滋味恐怕天神都要大驚奇了！！就請您好好享受馬非客為您準備的，「隱藏版美食－天神的禮讚」吧！

✦ 馬非從初探原鄉，一路上驚喜不斷，歡快打通尋香經絡；原民敬天謝神惜情愛物，才是最時髦的國際觀，自然簡單跨界融合料理，是這麼有滋有味，才剛感到原味覺醒呢！就來到了終極彩蛋，創新料理要需要您創『心』體會，身心靈全方位的芳甘鮮美大驚奇；其實您也可以是馬非客，就讓我們一起展開，永不停歇的驚異大奇航吧！！

隱藏版美食示意圖

麵包果（巴吉魯）處理方式

麵包果原鄉稱巴吉魯，表面密佈肉刺狀，外形橢圓很像菠羅蜜，但體積較小。風味香甜不膩，是水果也是蔬菜。麵包果食用前需先去皮，似菠蘿蜜有很多黏液不易處理，需一面泡水進行。參考圖示

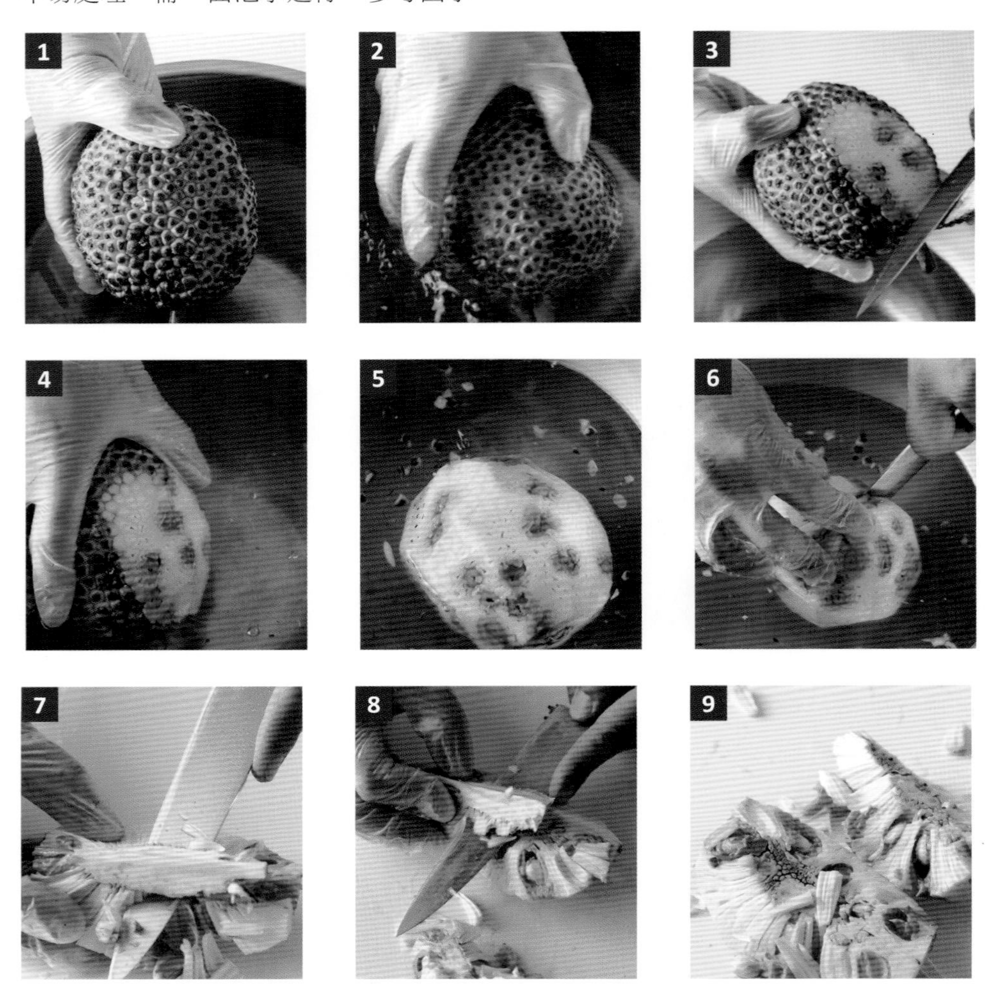

作法—

＊準備手套與刀具，巴吉魯先泡水，一面泡水並在水中多滾動幾下。

＊每切下皮就要立刻泡水，不能等整顆切完才泡水。

＊整顆切好後在水中對剖後取出置於粘板上。

＊對切成瓣狀並去芯；芯不能食用。

＊整顆果肉被黏液包覆需小心手滑。

＊外皮橘色部分是果肉包覆著籽，可食，口感略似柿子香甜。

| 後記 |

從小到大走遍了腳下豐饒的大地，生活文化的記憶就在這裡，追捕在地食尚，吃過台灣的各式美味，產生無數味覺記憶的連結，期待繼續與更多人，發掘分享更多味道的連繫，及其背後的故事，一起豐富生活。

希望環境能永遠純淨，憑著對這片土地的熱愛，努力的傳承這份美好的大自然禮物。

行走至此旅程並未結束，反而是正要開始，其實，人人都是馬非客，我也是，主廚也是，正在看此書的您，也是！

新的食娛旅程即將展開，這一次希望有您同行～～

食尚馬非
Facebook

食尚馬非
Weibo

食尚馬非
Foodsion Hunter

食尚馬非
Foodsion Hunter

國家圖書館出版品預行編目(CIP)資料

馬非親炙家滋味. 初探原鄉之台灣原民香氣食材跨界歐陸文創饗宴 / 馬中良著. -- 初版. -- 臺北市 : 匠心文化創意行銷, 2018.02
面 ; 公分. -- (食尚馬非 ; 1)
ISBN 978-986-95798-3-4(平裝)
1. 食譜 2. 香料 3. 臺灣原住民

427.1　　107001508

食尚馬非親炙家滋味·
初探原鄉之台灣原民香氣食材跨界歐陸文創饗宴

書　　系　　食尚馬非001
作　　者　　馬中良
發行策劃　　匠心文創

發 行 人　　陳錦德
出版總監　　柯延婷
專案主編　　沈文絢
烹飪指導　　孟 鼎

專案資深編輯　　蘇玲娟
專案執行企劃　　陳宥琦
專案其他協力　　何玉平(戈六鴻愛)、沈文絢
專 案 攝 影　　宇曜影像
專案攝影協力　　鍾君賢、蘇玲娟
專案視覺設計　　劉麗雪
專案特別協力　　豐 舍

法 律 顧 問　　彭志傑 律師
原住民文化顧問　　瓦歷斯.貝林、何玉平(戈六鴻愛)、葉芬菊
中/西醫師顧問　　鍾佳潔
藥師顧問　　楊家瑋
營養師顧問　　林俐岑

E-mail：foodsionhunter@gmail.com
Facebook：食尚馬非(www.facebook.com/AProLaw)

【出版發行】
E-mail　cxwc0801@gmil.com
網　　址　http://cxwc0801.strikingly.com/
總代理　旭昇圖書有限公司
地　　址　新北市中和區中山路二段352號2樓
電　　話　02-2245- 1480（代表號）
印　　製　鴻霖印刷傳媒股份有限公司
定　　價　新台幣 425
初版一刷　2018年2月
ISBN 978-986-95798-3-4(平裝)